本书系校青年基金“李泽厚实践美学与中国现代美学学科建构研究”（2015057）项目成果

中国现代美学学科视野研究

A Study on the Discipline Field of Chinese Modern Aesthetics

柳改玲◎著

中国社会科学出版社

图书在版编目(CIP)数据

中国现代美学学科视野研究/柳改玲著．—北京：中国社会科学出版社，2024.1
ISBN 978-7-5227-2797-4

Ⅰ.①中…　Ⅱ.①柳…　Ⅲ.①美学思想—研究—中国
Ⅳ.①B83-092

中国国家版本馆CIP数据核字(2023)第235610号

出 版 人　赵剑英
责任编辑　郭晓鸿
特约编辑　席建海
责任校对　冯英爽
责任印制　戴　宽

出　　版　中国社会科学出版社
社　　址　北京鼓楼西大街甲158号
邮　　编　100720
网　　址　http://www.csspw.cn
发 行 部　010-84083685
门 市 部　010-84029450
经　　销　新华书店及其他书店

印　　刷　北京明恒达印务有限公司
装　　订　廊坊市广阳区广增装订厂
版　　次　2024年1月第1版
印　　次　2024年1月第1次印刷

开　　本　710×1000　1/16
印　　张　19.75
插　　页　2
字　　数　231千字
定　　价　109.00元

凡购买中国社会科学出版社图书，如有质量问题请与本社营销中心联系调换
电话：010-84083683

序

如何从交往论的视野去重建美学是我近年思考比较多的一个问题。这其中，包括对中国当代美学思想视野的分析与清理。

柳改玲的这篇博士论文算是这项工作较为系统展开的一个开始。

目前国内关于实践美学、后实践美学的论争不可谓不多，但是真正从交往论视野着眼去展开分析的似乎还没有。因此，这应该算是一种独立的声音，虽然究竟该如何从交往论的视野去重建美学，目前仍然是悬而未决的问题。

在一个略微经受了些现代西学训练的人文学者来看，中国当代的美学、文艺学有一个现象是令人费解的：在美学理论中触目可见的“本体论”泛滥。显然，这是中国美学独有的现象。什么生命本体、实践本体、存在本体、人学本体、情本体、道本体、美学形上学、意义本体、否定本体、文学本体、人类学本体论等，五花八门，不一而足。谁想得到从康德开始，由主体论转向，中经语言论、解构主义、文化转向到后形而上学时代迈进差不多已经两个半世纪了，我们的美学、文艺学界对本体论的崇拜仍然如滔滔江水？

就知识言说的有限性而言，可以说，本体论就是总体论，是在经验和学理性论述难以有效指陈状态下的独断性言述。从独断立权威，以神秘作理据，用原始主义的混沌语述取代分析性或经验性的知识言述，是我们一再看到的话语景象。说句可能有点苛刻的话，在这个意义上，无意识膜拜中的本体论语式，拆穿了也许就是不老实。这也是维特根斯坦及维也纳学派诸人在深入思考了语言意义表达的有限性之后，坚决抛弃本体论的根本原因。而这样看来，朱光潜当年所说的美学就是审美经验分析之学的知识态度，几乎是唯一老实的态度。

当然，这么说可能会得罪一些业界同行。我必须承认绝大部分言谈本体论的论者主观态度都是真诚的，甚至可以说太真诚了，真诚到了虔诚的程度，所以谈论的对象、美、艺术、道德、心性等就都变成了“本体”。而一旦在潜在的逻辑意识中将所谈论者看成了“本体”，那被言谈之物就已经被封神了，总体化了，你就想怀疑也不行了，思想的主体于是就变成了膜拜的主体。就像海德格尔的基本本体论，本体论的言说变成了遭遇本体（存在）之惊心动魄的弥赛亚状态（“敞亮”）的源始经验回忆。

在这个意义上，从交往论的视野去检讨中国当代美学，实质就是降调，就是拆解，就是站在经验大地上将所谓“本体论”的真实经验内容还原给人看。就像柳改玲这部小书所做的工作，拆解，将中国当代美学中的实践论美学拆解给大家看——毫无疑问，这是一项十分重要的工作，我们的美学、思想、理论要创新，这项工作务必要没完没了……

那么，这本小书的拆解成功了吗？未必。我只能再重复一遍，说：此一拆解在这里已经系统地开始了，而拆解的深度与可能导致的更多的源源不断的启示还要有待于来者。病中匆匆，但愿以上之言不足以为序。

四川大学 吴兴明

2018. 12. 25

目　录

绪论

百年中国现代美学，是美学界在跨世纪的文献中最常提到的词语之一。一百年过去了，中国美学它沉淀下了什么呢？它的现状如何呢？从美学的发展历史来看，经过20世纪五六十年代的“美学大讨论”、80年代“美学热”连续两次史无前例的美学发展，有力地推动了中国现代美学的发展，中国美学领域积累了大量的美学理论家和美学爱好者，创造了丰富的理论经验，为日后中国美学领域下一个辉煌时刻的到来打下了坚实基础。然而二三十年过去了，美学的繁荣景象并没有如约而至，反而淹没在了理论重构的危机之中。虽然时下嫁接在后现代理论上的各色美学理论渐次开上枝头，原有的美学理论流派也在热闹纷争之中再度回春，但无可否认的是，没有哪一种理论哪一个流派能够再拥有像80年代实践美学那样昔日的光辉和振臂一呼应者云集的造势能力。虽然90年代中期发起、至今仍在持续的新实践美学与后实践美学之争吸纳很多专业人士纷纷加入，在国内美学界产生了不小的影响，但是，就影响范围而言，跟80年代实践美学掀起全国性的、各行各业的广泛参与不同，这次美学论争完全退缩成圈内人的自说自话，并没有引起社会足够的重视；就这次的论争水准而言，论争的内容常常前言不搭后语，论争双方的对话经常出现不在一个层面上的问题，对于某些关键概念缺乏严格的界定而导致论辩双方常常各说各话。

留心翻看近些年关于美学理论的著作和期刊，会发现“理论与现实严重脱节”和“美学发展应该向何处”的现状已成为不争的事实，文字中所散发出来的更多的是学科危机的警醒之感和无奈之叹。为什么不是美学的再次辉煌繁荣而是学科危机的频频光顾？为什么再多的努力和尝试却走不出这理论的阴霾？甚至刘士林直接对当代中国美学判了死刑：“与世纪初的中国美学话语相比，我们却很难说自己到底发出过什么有意义的声音。”① 显然，这种种场景都是我们不愿看到的。对此，学术界进行了持续反复的反思、发展、推进。然而，上述两大问题原因复杂多元，学界纷纭不一，论争持续不断。同时，正是从原因无法归总、理论话语繁杂这一点可以见出：美学的日趋衰落和危机，已不再是对一两个理论家的理论观点进行研究分析就能作结的理论问题，而是关涉整个美学学科自身的问题。

众所周知，美学之所以成为一门独立的学科，与现代性的分裂和自我确证密不可分。在现代社会的合理化进程中，文化价值领域分化为知、情、意三大思想领域，并在此分野的基础上产生现代西学的系统知识结构；同时，在人义论背景下，各领域提出自我确证的要求，要求自己为自己立法，从活动自身内部寻找自我规定的学

① 刘士林：《先验批判》，上海三联书店 2001 年版，第 124 页。

理依据。在审美领域，美学学科的形成有赖于审美视野的形成和审美自律性的自我要求。

中国现代美学在学科视野上存在着不断挪移的历史现状。众所周知，中国现代意义上的美学从西方传入。在开创之初的中国现代美学在理论观点、学科视野上都遵循着西方美学（尤其是德国哲学美学）的模式，坚持在知、情、意视野三分的基础上，从审美领域来考察审美活动，分析美感普遍必然性的一般性形式等。到了20世纪40年代，以蔡仪为代表的“新美学”将审美活动的分析纳入反映论的关系模式，由此导致中国现代美学在审美视野上的迁移。50年代中期以李泽厚为代表的实践论美学突破了认识论美学的理论范式和思想视野。实践论美学的理论思路是：实践是一切人类活动的基础，美和美感根源于实践，美的本质是“自然的人化”。从50年代中期到80年代李泽厚的实践美学理论都遵循着类似的路径。显然，实践美学理论的建构是在实践之主客关系的认知视野中展开、完成的，它的审美视野依然是非审美的。李泽厚之后的实践美学，虽然通过调整和推进疏离了审美和实践之间直接的关联，但它们对美学基本理论问题的切入和分析始终与实践本体论、基础论扭结在一起，对审美经验的分析并没有走出实践之主客关系的认知视野，审美视野的扭曲一直未曾得到归正，且延续在当下美学学科的建构当中。

因而，当下无论是要告别实践美学也好，要超越实践美学也好，要重构美学也好，还是要进行跨学科的美学研究也好，清理和归正中国现代美学的学科视野都成为当下推进美学理论建构的逻辑前提和学理基础。

选择李泽厚的实践美学作为切入中国现代美学学科视野的研究

对象，有以下缘由：一，中华人民共和国成立后中国美学的主流理论形态之一是实践美学，而李泽厚则是这一美学理论的中心代表。二，在时间跨度上，实践美学从20世纪50年代脱颖而出，到80年代实践美学遥领风骚，它可以前后勾连起认识论美学、本体论美学，贯穿于中国现代美学发展过程当中，有助于梳理出中国现代美学发展史的全貌。三，李泽厚的思想体系一直保持着开放性，能适时地做出调整，对实践美学进行调整和修补，而这又与中国社会进程紧密相关，这有利于切实地把捉住中国的现实脉搏而做合理的分析。四，就学理而言，李泽厚的实践美学有着深厚的哲学基础和清晰的学科视野，为研究中国现代美学学科视野提供了极好的研究对象。五，李泽厚本人的思想体系极为丰富和完善，无论古代还是现代，中国还是西方，无论美学还是哲学、伦理学，都自然纳入其体系理论中，这为从侧面渗透中国社会机制、伦理思想提供了平台。六，李泽厚已于2011年宣布封笔，著作和观点趋于全面稳定，且其字里行间深刻的体认感、穿透性的文字感和理论中高涨的情感性，使其成为一个时代的符号和榜样。因此，重新检验中国现代美学的审美视域问题，李泽厚的实践美学为本选题提供了相对切近、合理的切入角度。

“中国现代美学学科视野研究”是个过于艰难、宽泛且容易流于肤浅的论题，展开之前在范围上对它限定一下。首先，关于“现代美学”的“现代”，不是编年史上的意义，不是指19世界末至20世纪40年代，并以此区别于通常的“近代”、“当代”两个概念的“现代”，而是思想史意义上19世纪末发端、现代西学移植背景下中国文化转型的“现代”，这一背景下的“中国现代美学”，着重指自五四新文化运动之后一个世纪的中国美学发展。其次，所谓“学科视野”，指学科建立所依据的知识—逻辑域的思想视野划分，是知识体系建立的逻辑前提。自古希腊以来，思想家们孜孜不倦地对人的活动、心理机能进行分类研究，并依此分类作为建构人类知识的类型依据，逐渐形成了强大的知识分类学传统。知、情、意的三分法获得了自柏拉图至今思想家们的普遍认同。美学学科的诞生得益于近代审美视野的确立。审美视野的确立有三个环节：18 世纪前后，理论家们新发现人的心理机能（“想象”“判断力”）并认作人性基础的一部分，康德随后将它的本质确认为“审美无厉害性”，使它与认知、实践区别开来，后来巴托又将艺术归属于它（“美的艺术”），最终确立了独立而崭新的审美视野。在审美视野中，对审美经验进行观照，通过描述、分析和反思推求美本身，然后演绎体系性的美学理论，并将它运用于艺术作品分析，这种基于审美视野从审美活动内部为审美寻求学理依据的自律性逻辑演绎，形成了现代意义上的美学。因篇幅限制，本书重点放在中国现代美学学科得以建立的思想视野这一维度的思考上，涉及美学学科建设历史之处仅做简要交代。最后，就研究对象而言，无论是中国现代美学理论，还是美学思想视野，都是相当繁杂、艰深的研究内容，因而，本书选取以代表性美学家为线，梳理其美学理论的审美视野及美学理论体系建构路径，来管窥中国现代美学学科视野建构情况，具体美学观、美学观的评价不是本书论述的重点。

第一章　李泽厚实践美学的审美视野

从 20 世纪五六十年代，实践美学在美学大讨论中脱颖而出，到 80 年代成为中国美学理论的主流，再到 90 年代以来实践美学的调整和发展，实践美学作为一个大的流派在美学理论上取得了巨大的突破和进展，培养了一批又一批的美学家和美学爱好者，这在中国思想史上和世界美学史上都是一个奇迹。

第一节　知识话语：作为中国现代美学的分析角度

关于美学危机的现状，可谓原因复杂多元，学界对此论争持续不断，观点纷纭不一。从原因归总失效、理论话语繁杂、美学话语良性循环缺失的局面上可以发现：美学的危机已不再是某个美学家的理论危机，而是整个美学知识话语建构乃至美学学科的危机。正如刘士林所言："一直无法建构一个纯粹'知识学'的美学话语结构，作为中国美学研究的理性基础，这正是中国美学研究中一直‘意见’多于‘陈述’、‘情绪’多于‘理智’、‘噪音’多于‘语义’、‘杂感’多于‘共同感’、‘价值形态’多于‘科学体系’的总根源。”① 刘士林由知识话语和非知识话语的区分而来的反思无疑是发人深省的，也为我们从学理上反思美学危机提供了有益的借鉴。以知识话语为分析视角，首先要区分两种话语。下面分三部分予以论述。

一　两种基本类型的知识话语

先来区分两种关于现代现象的两种话语——“主义”话语和知识话语。简单来说，“主义”话语不是以详细的理论论证、冷静的推理为特征，而是“躁动着难以遏制的现代性知识——感受的欲念冲动和情绪宣泄”；知识话语，则与此相反，“它要求首先抑制现代主义式的主观感受性表达和现代性的情绪躁动，寻求建立一种有知识学观察距离的论述体制”②。这与曼海姆区分的文人型论述与学人型论述分类相似，与刘士林对于学术理路之“经验分析”与“先验批判”的区分相仿。前者是审美的，情绪的，感性的，不乏深度，但缺乏知识学上的确定性和限制；后者是实证性的描述、分析、说明，带有理性主义精神。③ 关于知识话语的知识学，在于将话语推拒为审视对象，将各种话语纳入自己的审视范围之内，进行关于题域、视

① 刘士林：《先验批判》，上海三联书店 2001 年版，第 124 页。

② 刘小枫：《现代性社会理论绪论》，生活 · 读书 · 新知三联书店 1998 年版，第 4 页。

③ 刘小枫：《现代性社会理论绪论》，生活 · 读书 · 新知三联书店 1998 年版，第 4—5 页。

野（而非具体理论观点）等人类知识的社会建构的细致分析，形成客观有效的知识学结构，促进知识的有效累积。

二　知识学：作为一个视角

知识学为清理陷入“主义”纷争的中国美学话语提供了一个客观、恰当的切入角度。因为，知识学不同于对具体美学观点的阐释、理解或批评，而是对一般的美学理论的对象性考察，将之推拒为对象，进行客观的描述，进而对其构型、言述空间、学科视野等进行考察分析。知识学的视角使得“对中国现代美学的评价，取决于采用怎样的美学视野；而采用怎样的美学视野，并不是完全取决于个人的主观偏好”①。它不仅仅是美学视野的知识学考察，而且必将勾连起整个知识谱系的众学科群，因此在深度和广度上知识学考察有很大的拓展潜力和反思空间。在刘士林看来，正是因为中国学术还过多地停留于经验分析，缺乏一定的理性主义精神、“先验批判”，所以才导致各种话语无法提升到理论思辨的高度，而只能寄生于主流意识形态的夹缝中，所以百年现代史上中国的学术论争几乎“没有出现过‘知识’与‘知识’之间的学术对话，始终上演的总是‘价值’与‘价值’之间的现实冲突”，“随处可见的知识用一己的‘经验’去批判对方的‘价值’，或者为了维护自身的‘价值’而否定对方的‘经验’”②，“正是这些经验批判本身，使得中国学术史上总是充满了亢奋的伦理主义、主观主义和意志主义”③。刘士林的

① 彭锋：《引进与变异》，首都师范大学出版社2006年版，第11页。

② 刘士林：《先验批判》，上海三联书店2001年版，第20—21页。

③ 刘士林：《先验批判》，上海三联书店2001年版，第23页。

见解无疑是清醒而颇具针对性的。

从绪论中的研究现状可知，目前知识学角度的学术研究并不少见，也有不少理论家、思想家尤其是哲学家在关注和尝试运用这一理论视角，从知识学切入美学研究的也有零星出现，但对中国当前美学理论展开知识话语的系统研究，还是空白。本书即从这个角度对贯穿中国半个多世纪的实践美学进行考察，以此介入中国现代美学学科视野的建构主题，从历史发展和中西现代美学学科视野的纵向与横向对比分析中，客观地考察中国现代美学学科视野的建构情况，以期为中国美学学科的规范发展、知识的有效累积开启一条探索之路。

三　知识建构：美学的学科视野

一般而言，美学之所以成为一门独立的学科，与现代性的分化有着密不可分的关系。随着“神义论”向“人义论”的转变，欧洲宗教世界图景逐步瓦解，整个西方社会迈向一个不断祛魅、不断世俗化的历史进程。随着合理化的推进，文化价值领域随之发生分化，进而使得科学的理论问题、艺术的审美问题、政治的或经济的道德实践问题可以分别按照各自内在的逻辑来寻找根据，规范自己，为自己立法。由此形成了西方现代学科的思想视野和知识—逻辑域：认知领域——逻辑学；审美领域——美学；实践领域——伦理学。在完整的思想视野和知识域的严格区分前提下，现代西方的学科知识体系确立、完成。就现代美学学科的建立而言，它即是一个在现代性分化和自我确证基础上的产物。首先，现代性的分化给审美活动划定了自己的领地——审美领地，审美活动的规范和法则只能从审美活动本身寻找，而不是别的认知活动或实践活动。其次，自我确证的要求则促使审美活动在意识层面不断自我反思。最后，从审美活动内部为审美立法，意味着美学的研究对象是“感性认识的自我完满”，思维方式不同于认知活动的逻辑思维，而是直观形象地把握，研究方法是从审美经验到对象表象再到意识，一步一步地纯化、反思。可见，作为一个独特的现代学科，首先，美学它有自己独特的逻辑知识域——审美领域，而不是诸如伦理学、政治学或认识论的附庸，它所展开的思想领域不是其他学科的知识追求在审美领域的延伸；其次，在知识类型上，美学有自己独特的逻辑起点、研究方法、话语类型乃至知识样态。西方现代美学，尤其是自康德以来，包括席勒、黑格尔、克罗齐、柏格森等几乎所有人的美学理论，都在奠基并延续这种知识话语。

就中国现代美学发展史来看，从 1949 年至今，在当代中国美学史上最为辉煌的莫过于实践美学，而占据实践美学中坚地位的莫过于李泽厚。李泽厚不但是实践美学的创始者，而且以丰富的美学理论对实践美学进行了完善和拓展，更重要的是，他的实践美学有着完备的理论体系，而且有着坚实的哲学支撑。无论是从理论体系的完备性、深刻性还是从对社会和学术的影响力而言，李泽厚及其实践美学都堪称中国现代美学的代表。在论争中崭露头角并走向深化的李泽厚及其实践美学，深深影响着 1949 年以来美学理论和美学学科视野建构的持续性走向。在 20 世纪五六十年代的“美学大讨论”中李泽厚的实践美学观已初具体系，到 80 年代“美学热”实践美学体系已经相当完备，且具有宏大的体系构架和巨大的理论命题，为反思中国现代美学学科视野的建构情况提供了极为恰切的典范。下面就从李泽厚的实践美学入手，初步考察有关中国现代美学学科视野的问题。

第二节 李泽厚的实践美学之路

李泽厚的实践论美学是在论辩中形成、明朗的，大致可分为三个阶段。第一阶段，在20世纪五六十年代的美学大讨论中，李泽厚以独特而扎实的论辩姿态脱颖而出，在主客观统一说和客观唯物论美学之间拓出一方“社会性与客观性统一”的美学观空间，造就了三足鼎立之势，并将美的分析从反映论引向了实践论。第二阶段，在70年代末80年代初引发的“美学热”大潮中，李泽厚颇具胆识地引入康德的“主体性”思想，提出“主体性实践哲学”，以主体性实践哲学为基础的美学观成为业内最耀眼的理论。这一时期李泽厚对美的分析明确参照他的主体性实践哲学的框架而展开。第三阶段，80年代末以来至今，李泽厚汲取中国传统美学思想资源，提出“情本体”“天人合一”“美是第一哲学”等思想观点，美已经完全回到了人的情感、生命领域，并最终上升到了本体地位。下面就来简要梳理一下李泽厚实践美学的建构历程。

一 50年代：实践论美学的诞生

就时代背景而言，“百家争鸣，百花齐放”的文艺方针政策的东风，促进了文艺的繁荣和发展，也促使了美学大讨论的真正展开。1956 年 6 月，朱光潜在《文艺报》上发表《我的文艺思想的反动性》一文，对他此前的主观论美学做出自我反思和批判，主动为美学大讨论树起了批判的靶子，成为美学大讨论产生的先声。1957 年，随着“双百”方针的提出和贯彻，关乎美学的讨论浩浩荡荡地在“讨论”的意义上展开。

从美学理论自身的发展来讲，日益僵化的客观论美学已经不能适应人们新的审美需求。20 世纪初美学作为一个学科引进中国，在哲学思辨和经世致用的双重接受融合中曲折地向前发展。随着救国存亡的呼声高涨，美学撇开了玄理思辨而与意识形态合流。三四十年代，在以蔡仪为首的美学家立足于马克思唯物论立场上，对朱光潜的唯心主义美学观予以批判，奠定了马克思主义认识论在美学上的主导地位。为了撇清与唯心主义的关系，蔡仪主张审美是无关人的，是纯粹的客体自身的美在人大脑中的反映，人自身不存在有关美的因素。蔡仪的美学观适应了时代的革命需求，但完全割裂了人与物之间的关系，美成为客体的一个属性。随着中华人民共和国的成立，人们对于审美活动的美学理论需要重新确认。20 世纪 40 年代成立的马克思主义美学——蔡仪的反映论美学，在中华人民共和国成立后不久“双百”方针的春风中，成为众家批判的靶子。

在美学大讨论中，首先对蔡仪的机械唯物主义美学观发动批判的是吕荧。吕荧以非学理化的语言指出蔡仪美学对人与物的全然割裂，但在反驳中走向唯心主义这另一极端。朱光潜在自我反思前提下提出主客观统一论美学观点，在肯定反映论的前提下，强调主观意识的能动性和能动作用，并将物与物象、反映与美感区别开来。朱光潜对主观能动性的强调显示了其独特的眼光，对后来实践美学的发展提供了参考和意见，但因其坚持审美活动中的人的主观能动性而为时人所诟病。在这种语境中，李泽厚的实践论美学出场了。

李泽厚在坚定马克思主义唯物论的立场上，总结两种美学观的理论缺陷，以马克思的“人的生活在本质上是实践的”观点为理论依据，援引马克思早期经典著作《1844年经济学—哲学手稿》（以下简称《手稿》）中的“自然人化”说，针对蔡仪的唯客观性和朱光潜的主观性，提出了“社会性与客观性的统一”的实践论美学观。该美学观认为，美是在实践中产生的，在主体的能动实践与客观自然的相互作用中，产生符合人们需求的客观审美对象的形式就是美，引起人的内心情感愉悦即美感。进而，李泽厚赋予产生于实践过程中的美和美感以双重性，由此来弥合反映论美学当中主体和客体的割裂，同时也避免主客观统一说的主观论倾向。李泽厚对客观性的强调，使他与朱光潜代表的主客观统一说在关于主观性问题上区别开来；李泽厚对于主观性的强调，又使他和蔡仪的客观论美学在客观性方面之间划清了界限，从而能够在唯心论和唯物论之间独立成派，与之分庭抗礼，最终形成了美学大讨论中四大流派之一。① 因其理论依据的是马克思理论著作，又避免了蔡仪和朱光潜美学观中的机械性和主观性倾向，

① 关于美学大讨论中形成几大美学流派，主要有两种说法，一种认为有三种，包括朱光潜的主客观统一说、蔡仪的客观论和李泽厚的社会客观性统一说，另一种认为有四种，它在前面三种的基础上还包括了吕荧、高尔泰的主观论美学。因吕荧、高尔泰之主观美学反向印证着当时的美学范式，因而本书采用四分法。

因而在那个特殊的年代李泽厚能够“游走在边缘且相安无事”（刘再复语）。

二　80年代：实践本体论美学

经过近30年的理论沉寂之后，中国美学活力再度喷发。经过多年的酝酿，李泽厚的实践论美学以更加明朗的姿态和更加成熟的体系展现出来，这就是主体性实践哲学的美学观——实践美学。如果说，美学大讨论中脱颖而出的实践论美学尚处在草创阶段，理论观点尚不成熟，体系尚不完备，实践论的思想视野尚不明朗的话，那么，30年之后的实践本体论美学，则严密周详地展示出实践论美学的理论体系和理论观点，更为重要的是，实践论的思想视野一跃成为建构美学理论的参照。下面分两部分讨论。

（一）实践本体论美学产生的思想语境

实践本体论美学产生的思想语境是思想解放和自由思想的传播。李泽厚的实践美学理论能成为那个时代的精神向导，是与当时的社会语境密不可分的。1978年发生了两件对后来历史产生深刻影响的大事：一是关于真理标准问题的讨论，以5月11日的《光明日报》社论《实践是检验真理的唯一标准》为开端；二是12月18日至22日党的十一届三中全会的召开。“如果说前者试图从政治思想上突破‘文化大革命’以来完全僵化的思想观念，使人们重新获得自由思考的空间，那么后者则是从政治组织上着手清理思想解放的障碍，使人们感受到新政治权威给整个社会带来了新的发展希望。”① 检验真理的标准、思想解放、自由成为理解“新时期”的话语链。

思想解放激发了人们对生活的新向往，在各个方面提出了新要求。其中审美趣味的变革，不仅要求审美观念的更新，而且带动了关于人性的热烈探讨。在思想领域，朱光潜则率先、直接提出了有关“人的问题”，开始了延续至20世纪80年代末为人性论寻找合法性的努力之路。从朱光潜1978年的《关于人性、人道主义、人性美和共同美的问题》到1983年王若水的“为人道主义辩护”，都将思想矛头直接指向“文化大革命”对人性的摧残和践踏，为人性论基础寻求合法性的权威依据。美学领域关于共同美、自然美的论争，《手稿》中“自然的人化”“美的规律”等命题之争，皆重申了人的本质与美的本质的密切关系和向学术自身的回归。这一时期美学研究在两个维度上展开：一是相对于意识形态的社会美学研究，如共同美的讨论；二是关于美学自身问题的研究，如“艺术自律”问题，“自然美”问题的深入讨论，还出现了诸如“从外部到内部”“文学主体性”“方法热”“体系性”“情感本位”等一系列热点问题。具体而言，文学艺术领域中出现了去政治化的艺术自律性的实践。“伤痕文学”站在主流意识形态和国家利益的对立面，是对“文化大革命”的血泪控诉和历史反思；“朦胧诗”和新潮美术则是新形式下的情感表达和艺术自律的诉求，甚至是日常生活领域也表现出新的审美需求、追求个体自由的特点，等等。这一系列的论争和革新都在人性论和艺术自律论支撑起的“新时期”的天空下，在去政治化

① 戴阿宝、李世涛：《问题与立场》，首都师范大学出版社2006年版，第132页。

的拨乱反正时代大潮中，召唤着审美视野的诞生。李泽厚的主体性实践美学（人类学本体论美学）就是在这种拨乱反正、考量人的自由问题的语境中出场的。

在美学领域，人们在思想解放的潮流中找到了个性化生存的愉悦，新的体验使得整个社会开始向一种世俗的平民化的审美时尚转换。这种时代吁求在美学领域表现为审美自律性的要求，即审美活动的独立，切断它与政治、道德等的一切关联，要求发掘基于人性基础上的新审美趣味和原则，从中自觉地表达日益高涨的人的自由观。这是时代思想解放的要求，也是中国社会世俗化思想的开始。“从某种意义上说，美学开始脱离昔日的政治视角，审美也不再是一种政治趣味的翻版，美学实践在反思传统的基础上试探着发掘自己的问题和立场。”① 如果说 20 世纪五六十年代的美学还是主流意识形态向美学领域的进军和占领的话，那么，80 年代的美学虽然仍与政治有着直接的联系，但它又为美学学科自律进行了政治上的松绑，“美学界自思想解放的旗帜下开始探索自身的问题，关注美学学科的建设。尽管当时的美学热更多的是作为一种政治冲动，但其中的百废待举意识及其对新美学的渴望使得美学开始走向一种自新和独立”②。

（二）实践本体论美学的出场

在新的时代面对新的问题和新的审美经验，美学家们拿出了各自的理论姿态。朱光潜敏锐而客观地阐发相关美学思想，蔡仪在反

① 戴阿宝、李世涛：《问题与立场》，首都师范大学出版社 2006 年版，第 142 页。
② 戴阿宝、李世涛：《问题与立场》，首都师范大学出版社 2006 年版，第 133 页。

对声中维护自己老套的美学观，李泽厚则与时俱进借助西方理论资源，在进一步阐发和扩充的基础上提出了完整的主体性实践哲学观的美学理论体系。除此，还涌现了许多新人参与其中，为这场“美学热”造势。其中，李泽厚将人的主体性提升到本体论的高度所构造的主体性实践哲学、主体性实践美学理论体系成为这一时代有关“人”的问题的最高表达。

现实生活对审美要求的提高，以及西方理论的涌入，为李泽厚构建有关“人”的理论体系提供了历史契机和理论支撑。就美学学科建构现状而言，李泽厚对于中国1949年前后美学理论有着清醒的认识和明确的诊断和总结。他首先从历史的角度，对“艺术对社会的效应关系”评判标准下的反映论的认识论美学进行了清算。他认为，“在中国，它从三四十年代起开始广泛传播，1949年后便占据了统治地位。直到现在，我们的文艺教科书、美学书一般还是这样讲的”[①]。基于这种美学学科发展现状的停滞，李泽厚大刀阔斧地从“根部开刀”，正面性地建构了基于“人类如何可能”且独当一面的美学理论体系，即人类学本体论实践美学，为新时代人性的回归、日常生活审美的需求提供了理论支撑。

具体而言，李泽厚在《批判哲学的批判——康德述评》一书中对马克思主义的实践论进行了主体性的改造，提出了人类学本体论的哲学观。李泽厚认为，“人”才是哲学问题的根本，并认为应该以“人类如何可能”代康德的“认识如何可能”的问题，在康德那里的“认识如何可能”、“道德如何可能”、“审美如何可能”三大哲学

① 李泽厚：《美学四讲》，《李泽厚十年集》（第一卷），安徽文艺出版社1994年版，第441页。

问题，在根本上都来源和从属于“人类如何可能”。应人道主义的呼声，李泽厚率先从哲学领域将人类的主体性提上日程。人类学本体论的美学观，并没有抛弃马克思主义的认识论基础，而是从主体性实践哲学的高度，将审美主体和审美客体统一在实践活动中，建立实践论美学观。李泽厚在坚持前期实践基础上做了修正，提出了“心理本体”，并对个体能动性、偶然性、感性加以强调。实践论美学将美学视点由客观事物和客观社会转向了人，把主体的欲求、情感、感性、知觉等纳入美学研究之中。实践论美学在哲学的高度上，从主体的生成建构出发，通过研究人，揭示人的本质，进而再来研究人所具有的独特的审美现象，探究美的根源、美感的本质、审美的发生以及艺术特征等。这种思维方式显然超出了早期认识论美学，而具有了独立形态的意义。就其对审美主体的关注来说，实践论美学无疑是当代中国美学向美自身回归的一次伟大尝试。

在此一系列条件的共同促进下，李泽厚在五六十年代美学理论观点基础上，援引《手稿》、康德先验主体性和皮阿让的心理学等西方理论资源，从哲学、美学、伦理学、思想史等方面进行了系统研究，问世多部脍炙人口的美学著作，如《美的历程》《华夏美学》《美学四讲》等。这些著作涉及方方面面，不仅诠释了他的美学观点，也寄托了他有关“人”的价值诉求。

三　90 年代前后至今：“美学作为第一哲学”

如果说前两个时期的美学理论还处在理论探索和建构的阶段的话，那么，这一时期则是李泽厚逐渐退出中国学术视野之后美学理论的不断自我调整和推进，表现在两个层面：一是着重倡导“情本体”，继承中国文化传统；二是“美学作为第一哲学”。这并不是说在之前李泽厚的美学思想对此毫无涉及，而是说这一时期将这两个层面作为自己的研究重心着重展开。

首先，倡导情本体。可以说，情感因素在李泽厚的美学思想中一直占有重要的位置。在其早期的美学理论中，就做到了在特殊语境中保留情感的位置。例如，他关于“形象思维”的一系列文章，就是对形象思维中的情感因素的肯定和张扬，尤其是在《形象思维再续谈》一文中，将“情感的逻辑”定位成形象思维的逻辑，由此强调情感是“艺术生命之所在”①。在80年代之后的几个提纲中，从1983年的《关于主体性的补充说明》中就已经将他的论述重心放在了后一“主体性结构”——心理本体上，同时，也将重心转移到个体的创造性上来。在《华夏美学》里，他认为中国传统美学建立在一种心理主义的基础上，而这种心理主义则是以情感为本体的。到了《美学四讲》，他直接使用“情感本体”这个词汇，“所谓‘建立新感性’也就是建立起人类心理本体，又特别是其中的情感本体”②。

随着李泽厚从实践论角度对中国思想史的研究和深入，情感、情感本体越来越成为他的美学思想的重要范畴。其中，“天人合一”思想就是他的实践美学在实践论的基础上融合了中国传统美学思想中的“天人合一”而来的美学观。

① 李泽厚：《形象思维再续谈》，《美学论集》，上海文艺出版社1980年版，第563页。

② 李泽厚：《美学四讲》，《李泽厚十年集》（第一卷），安徽文艺出版社1994年版，第493页。

其次，“美学作为第一哲学”。20 世纪 90 年代初李泽厚移居美国，他开始以另一种眼光打量这个世界，看待社会的异化问题、社会的未来发展问题等。他在 90 年代之后的美学思想最突出的特点是，大力倡导中国文化，将中国的“儒法互用”加以现代性的转换性创造，进而克服社会的危机。对他这一思想的集中表达的观点是——“美学作为第一哲学”。

李泽厚在总结了中国的理性精神和文化心理命名（“实用理性”和“乐感文化”）之后推断，在未来“以美学重心的人自然化”① 将像伦理学取代认识论一样，取代伦理学而成为哲学重心的世界。

就理论观点来讲，实用理性、乐感文化、度本体、情本体成了这个时期李泽厚美学思想的关键词。就理论取向来看，李泽厚开始着力提倡中国文化在当代世界文化发展中应该大有作为，尤其是 2010 年之后出版的两部谈话录《该中国哲学登场了?》和《中国哲学如何登场?》更是显示了他的宏伟抱负。因而，这与其说是李泽厚对于美学思想的推进，毋宁说是他最新的哲学观表达。

第三节　李泽厚实践美学理论的逻辑建构

从上面的梳理发现，李泽厚的美学理论观点一直在不断调

① 李泽厚：《实用理性与乐感文化》，生活·读书·新知三联书店 2005 年版，第 107 页。

整，一直在发展变化。正因为此，对于李泽厚一生各个阶段的美学思想的考察，从五六十年代的崭露头角到80年代的独领风骚，再到90年代淡出学术界，各个人生学术阶段的考察不免沦为对其美学思想的背景考察。如此一来，很容易偏离本书的初衷，即对实践美学审美视野建构的考察，“这种偷换通常对哲学和美学的组成成分视而不见——其中一以贯之的坚韧性本是不难认识的——却纠缠于政治观点这种琐碎小节”①。其实，虽然李泽厚的实践美学观一直在调整，但他的审美视野是从未发生改变的，一直是实践论的。50年代和80年代的实践美学都是直接与实践论相关，90年代之后提出“天人合一”“美学作为第一哲学”等对于情感本体的申发，仍然是在实践论的思想视野中展开。那么，作为80年代中国现代美学的主流甚至延续到今天的学科建构当中的实践论美学的思想视野究竟是怎样的呢?

一　实践论美学的思想视野

作为颇具理论素养和眼光胆识的思想家，李泽厚学术足迹遍布了哲学、美学、伦理学等多个领域，著作等身。重要的是，这些丰富的思想理论中显出了难能可贵的思想连贯性，且统一在他的实践哲学之中。下面试从人性论基础、活动类型、学科类型三个方面勾勒李泽厚实践论美学的思想视野。

① 詹明信:《晚期资本主义的文化逻辑》，生活·读书·新知三联书店1997年版，第262页。

（一）实践作为人性论基础

对人性的呼吁一直是李泽厚的核心思想主题，那么，在他的实践哲学中所表达的人性到底是什么呢？首先它肯定不是普遍自然人性论。李泽厚在逐一批判了人性普遍论和语言论的“人的哲学”观之后，指出共同人性“并非天赐，也不是生来就有，而是人类历史的积淀成果”[①]。李泽厚将人性看作实践积淀的产物，看作生物性与超生物性的统一，即通过实践积淀而来感性和理性的统一。在这里，李泽厚所谓的积淀，即通过漫长的社会劳动，人的知觉、情感和伦理意识开始形成，最终积淀成一种心理结构形式，即心理本体。在这里，实践成为人性（心理本体）的最终来源依据。对此，李泽厚有反复表述，如“人类的最终实在、本体、事实是人类物质生产的社会实践活动”[②]，“人类学，即社会实践的历史总体”[③]，认为“人的本质是历史具体的一定社会实践的产物，它首先是使用工具、制造工具的劳动活动的产物，这是人不同于物（动物自然存在）、人的实践不同于动物的活动的关键”[④]，等等。

（二）实践类型的划分

李泽厚从人的活动实践出发，在此基础上将人的实践活动划分

① 李泽厚：《美学四讲》，《李泽厚十年集》（第一卷），安徽文艺出版社 1994 年版，第 495 页。

② 李泽厚：《美学四讲》，《李泽厚十年集》（第一卷），安徽文艺出版社 1994 年版，第 449 页。

③ 李泽厚：《批判哲学的批判》，《李泽厚十年集》（第二卷），安徽文艺出版社 1994 年版，第 83 页。

④ 李泽厚：《批判哲学的批判》，《李泽厚十年集》（第二卷），安徽文艺出版社 1994 年版，第 82 页。

为两大类，一类是人类对自然的现实改造，对应的结果是物质文明的建设，一类是人在实践活动中人自身的自然的人化，对应的是精神文明的建设等。这是“自然的人化”说的两个方面。在第一类实践活动中，人通过改造自然（自然人化）形成了工具本体，在第二类实践活动中，人在改造自然的过程中也改造了自我（人化自然），产生了心理本体。“人类以其使用、制造、更新工具的物质实践构成了社会存在的本体（简称之曰工具本体），同时也形成超生物族类的人的认识（符号）、人的意志（伦理）、人的享受（审美），简称之曰心理本体。”① 在李泽厚看来，这两个方面是相互并行而相互阐发的。“工具本体通过社会意识铸造和影响着心理本体，但心理本体的具体存在和实现，却只有通过活生生的个人，因之对心理本体和工具本体不仅起着充实而且也起着突破的作用。”②在人化自然的实践活动中，逐渐形成了人的文化心理结构。人的文化心理结构，可细分为三大活动领域：认识领域、伦理领域和审美领域；这三大领域分别有着不同的精神机能：一是认识的领域，即人的逻辑能力、思维模式，一是伦理领域，即人的道德品质、意志能力，一是情感领域，即人的美感趣味、审美能力。可见审美不过是这个人性结构中有关人性情感的某种子结构。”③ 显然，在李泽厚的美学话语中，审美活动也是实践活动中人化自然的一种实践，是在实践过程中形成的人的心理文化结构的领域之一。简言之，审美是实践活动的一种。

① 李泽厚《美学四讲》，《李泽厚十年集》（第一卷），安徽文艺出版社，1994 年版，第 450 页。

② 李泽厚《美学四讲》，《李泽厚十年集》（第一卷），安徽文艺出版社，1994 年版，第 452 页。

③ 李泽厚《美学四讲》，《李泽厚十年集》（第一卷），安徽文艺出版社，1994 年版，第 495 页。

（三）审美与认知、实践的区分

在生物性与超生物性统一的基础上，李泽厚区分了审美与认知、道德三种活动的不同。认知领域的认知能力即超生物的肢体和语言、思维，伦理领域则是产生了超生物的道德，审美则是超生物的需要和享受（对于感官人化、情欲人化的享受）。三者不同之处在于：认识领域和道德领域的超生物性经常表现为理性压倒感性，理性对感性的强制、约束而内化为理性；而审美领域，则是表现为理性完全溶解在感性中，是一种愉快的自由感。

这三大心理结构分别形成了不同的学科。它们的区分，在于人在社会实践中，人的理性与感性的不同转化："智力结构"是感性内化为理性，"意志结构"是感性凝聚为理性，"情感结构"则是理性积淀为感性。三种转化的方式不同，因而形成了不同的认知领域和心理结构。由此，李泽厚从历史唯物论的角度，为人类的知识划定了独特的逻辑—知识域。李泽厚的实践哲学、实践伦理学和实践美学就是基于这三大心理结构的分类基础上的知识建构。

从人性基础到活动类型再到心理本体的纵向分类中，李泽厚完成了思想视野的建构。在李泽厚看来，人性基础由"实践"而来，这在人性之根上就与普遍人性论区别开来。实践作为人性之基，意味着人类的一切活动、关系在本质上都是实践的，由此，人类的基本活动类型只能是实践活动的类型——物质和精神，或者工具和心理，进一步，决定了"工具本体"和"心理本体"都是实践本体的延伸。这即是李泽厚的实践本体化逻辑。实践的本体化逻辑进而决定了李泽厚的实践美学、伦理学等只能在实践活动的视野中展开。

二　实践论美学理论的逻辑展开

从严格的知识建构来讲，实践的认知视野决定了实践论美学的活动视野，决定了实践美学的言述空间只能是实践论的。在实践论的思想视野中，审美活动在活动类型上属于人的实践活动，审美情感则属于主体作用于客体的心理积淀成果。从上述分析可知，李泽厚的思想视野是单一的实践的视野，所有的知识结构都在这一视野中寻找规范自身的根据。那么，实践的视野是一种怎样的视野呢？在马克思和李泽厚这里，且不作关于实践概念的细微区分，就作为一般物质实践而言，实践是指主体作用于客体，人类作用于自然，展开的是一种主客认知的关系视野。因而，实践美学的基本问题是在实践之主客关系的框架中展开的。

李泽厚唯一一本成美学体系的代表作《美学四讲》，在知识建构上有着清晰的路线、逻辑和结构。他首先确立了审美活动的分类学背景，然后确认了审美活动的本质——实践，再围绕“实践”展开美学内部的规定性、范畴等分析。因而，《美学四讲》对于考察实践美学的思想的建构提供了极好的文本范例。另外，严格地讲，作为一门现代意义上的学科，通常遵循着从活动本质到活动规律的推演展开这样的逻辑建构，“它首先必须有自己的‘第一原理’，即关于美的本质的定义。它必须从这一原理出发，来逻辑地顺次推演出一切艺术和审美活动的本质规律，而不能有任何一个规律是从另外的原则引入进来、外加进来的”①。李泽厚的实践美学理论就是遵循着

① 邓晓芒、易中天：《黄与蓝的交响》，武汉大学出版社2007年版，第372页。

这个逻辑来建构的。下面我们从三个方面来简要分析一下李泽厚实践美学的学科视野。

（一）美的本质

那么，对于实践美学而言，美的本质是什么呢？李泽厚从其实践哲学观出发，将美的本质问题归结到实践过程中的“自然人化”。李泽厚强调“美的本质、根源来于实践”①。从对于人性论基础的定位，即可知美的本质与实践密切相关，因为审美活动属于实践活动中的一种，因而审美活动的性质在本质上首先必然是实践的。进一步，美的本质就是美的根源，而“美的根源（或来由）就是‘自然的人化’”②。美的本质就在于“自然的人化”说中客观性的一面——“外在自然的人化”。

“自然的人化”包括两个方面：外在自然的人化和内在自然的人化。所谓“外在自然的人化”，指的是人类通过劳动直接或间接地改造自然的整个历史成果，主要指自然与人在客观关系上发生了改变。这主要指大地山河等，通过实践的改造之后它不再是外在于人，与人毫无关系，而是成为人自身的一部分，“非有机的躯体”，自然成为“人的自然”。所谓“内在自然的人化”，指人本身的情感、感知、欲望以及人的感官的人化，使生理性的内在自然变成人。通俗地讲，通过漫长的实践劳动，使得心理和五官由猿到人的转变，由动物的心理变成人的心理。

---

① 李泽厚：《美学四讲》，《李泽厚十年集》（第一卷），安徽文艺出版社 1994 年版，第 462 页。

② 李泽厚：《美学四讲》，《李泽厚十年集》（第一卷），安徽文艺出版社 1994 年版，第 462 页。

但是这一美的本质是如何推导出来的呢？还需要回到“实践”概念本身。就“实践”概念自身而言，有一个不断窄化和纯化的过程。在五六十年代，李泽厚运用了“人的本质力量对象化”这一马克思理论话语，很快他就放弃这一说法，代之以“自然的人化”和“自由的形式”。这是因为李泽厚为避免泛化“人的本质力量对象化”的专指含义——物质性的现实实践活动，主要是劳动生产，不涉及意志、情感等方面，这使他与朱光潜等区别开来。到了八十年代，李泽厚在《批判哲学的批判》中将实践定义为：“所谓社会实践，首先和基本的便是以使用工具和制造工具为核心和标志的社会生产劳动”[①]，对之进行狭义化的取舍：使用—制造工具。

就历史发展的角度而言，这里的“实践”指的是人类总体的社会历史实践。简单来讲，在漫长的实践中，人类逐渐掌握了自然的必然规律，在掌握了客观规律之后，人将这种客观规律作为一把尺子，以此为准来改造自然，从而满足人自身的需求。那么，这时这个被改造过的客观现实存在的形式便是美。这时的美就是真和善的统一，就是合规律性与合目的性的统一。只有在实践中，只有在主观实践与客观现实的交互作用上，客观现实的形式才可能与主体活动自身合规律性的性能发生同形同构，只有在发生同形同构的条件下，客观现实的形式才有可能是美的，人也才可能产生审美感受。自然形式与主体的身心结构只有以悠久的劳动生产实践为中介，才可能产生相应的美和美感。因而，“美的根源处在人类主体以使用、

① 李泽厚：《批判哲学的批判》，《李泽厚十年集》（第二卷），安徽文艺出版社 1994 年版，第 85 页。

制造工具的现实物质活动作为中介的动力系统"[①]。只有在这种实践中，才使得一些客观事物的性能、形式具有审美性质，进而最终成为审美对象。通过实践，使客体世界成为美的现实。因而，李泽厚将美的本质明确表述为："真与善、合规律性与合目的性的这种统一，就是美的本质和根源。"[②] 其实，"自然的人化"与"真与善的统一"这两种本质观是一个意思，都是从实践的角度来谈，不同在于，前者是从积淀的历时角度来谈，后者是从实践活动本身来谈。

毋庸置疑，"实践"概念是实践美学的核心，也是实践美学的逻辑起点。可以说，实践美学的所有论域全部是围绕着"实践"的意义空间而展开的。客观的物质生产实践，不仅仅是李泽厚一人的美学理论的逻辑起点和美的本质的根源，而是那个时代几乎所有美学理论的逻辑起点和根本。正是基于"实践"概念的再阐释——"使用—制造工具""人对自然的对象化改造""生态"（新实践美学），实践美学庞大的美学流派才得以繁衍丰茂，新实践美学与后实践美学的论争可以说也正是集中在这一"实践"概念上。

（二）审美范畴

在确定了审美活动的类属和美的本质之后，实践美学的逻辑体系围绕美的本质逻辑地展开，从而建构了完备的实践美学理论体系。从实践之主观关系视野出发，美被表述为实践过程中"合规律性和

① 李泽厚：《美学四讲》，《李泽厚十年集》（第一卷），安徽文艺出版社 1994 年版，第 465 页。

② 李泽厚：《美学四讲》，《李泽厚十年集》（第一卷），安徽文艺出版社 1994 年版，第 470 页。

合目的性的统一”，在形式自由中实现人的本质力量的对象化；美感被表述为对美的反映；艺术美则是美感的集中体现，是现实的形象典型。下面对美感、自然美与社会美、艺术美等美学范畴分别予以介绍。

1. 美感

在实践美学中，美感和美是审美活动的一体两面，因为美根源于实践，美和美感只有在实践活动中才得以实现。下面分三部分论述。

首先，美感的本质问题。和美的本质源于实践一样，美感的本质也在于实践，也是通过实践过程得以论证的。确切地讲，与“自然的人化”密切相关。如果说美的本质在于“外在自然的人化”，那么，美感的本质则是“内在自然的人化”，“前者就是美感的本质，后者就是美的本质”①。在李泽厚看来，两个“自然的人化”都是人类社会整体历史的成果，它们都通过整个社会实践历史来达到。

其次，美感的产生。和美一样，美感和美同时产生在实践过程当中。当主体的需求（“善”）与客体的形式（“真”）在实践当中获得统一时，这时客观现实的形式表现为美，而主体心理所产生的愉悦情感就是美感。其实，美感是伴随“自然的人化”过程的产物。对此，李泽厚有清晰的表述，就是“前者（外在自然的人化）使客体成为美的现实。后者（内在自然的人化）使主体心理获有审美

① 李泽厚：《美学四讲》，《李泽厚十年集》（第一卷），安徽文艺出版社1994年版，第495页。

情感。"①

最后，美感范畴。我们知道，一般的美感的形态或者说美感分为优美、崇高、悲剧、喜剧、滑稽等范畴。李泽厚在早期也是这样分类的。他以真与善在统一过程中的状态将美感区分为优美和崇高。优美，即表现为二者统一的静态；崇高则表现为二者的斗争、冲突。到80年代，李泽厚又从实践活动中的自然人化、积淀和文化心理结构立论，通过审美过程和结构的完成，即人的审美能力的拥有和实现来分类，将美感分为三大类——悦耳悦目、悦心悦意、悦志悦神。悦耳悦目，指人的耳目感到欢乐。它是在生理基础上又超出生理基础的快感，主要培育人的感知；悦心悦意，指在想象、理解等多种心理功能的综合作用下，培育人的情感心意；悦志悦神，指在道德的基础上达到某种超道德的人生感性境界。和美的本质的表述一样，这两种区分虽范畴不同、标准不同，但在根本上仍然是以实践活动为分类标准，范畴的分析依然是在实践之主客关系之中展开。

2. 自然美与社会美

从上面对美的本质和美的产生的分析可知，美在于实践过程中"合规律性与合目的性的统一"，即真与善的统一。在这统一的过程中，形成了社会美和自然美。李泽厚认为，在这实践过程中，人类逐渐将符合主体目的的客体形式、性能、规律等抽取、概括、提升为一种形式，即"善的形式"，它"成为能普遍适用、到处可用的

① 李泽厚：《美学四讲》，《李泽厚十年集》（第一卷），安徽文艺出版社1994年版，第495页。

性能、规律和形式”[①]，从而“可以改造一切对象、到处适用”[②]。由此，对于实践主体而言，美的实质在于它的合规律性的内容，即真成了善的内容，这即是社会美；对于客观对象而言，“从客观对象说，善却成了真的内容，自然事物的美的实质是它的合目的性的内容，即善成了真的内容”[③]，即自然美。

这里对争议颇大的自然美进行简单分析。李泽厚反对自然无美的观点（如朱光潜），也反对自然美在自身的观点（如蔡仪），而认为，自然美在于它表现实践的客观性和社会性，即自然的“真”中体现了“善”的内容。对于自然美的本质和自然美的分析，李泽厚依然是从“自然的人化”说展开。为了对自然美进行合理的分析和解释，李泽厚在这里又将“自然的人化”区分为狭义和广义两种。狭义即指“经过人改造的自然对象”[④]，它表现为培植的花草等；广义则是在广阔的历史视野上，将那些还没有改造的自然事物也看作“被掌握了的规律”，如沙漠、荒凉等。由此，李泽厚展开自然美的分析。

3. 艺术美

在实践美学中，关于艺术美的基本问题是与建立“情感”结构联系在一起的。李泽厚首先对艺术和艺术品进行了区分。其中，此处的艺术品与我们一般理解的艺术实物的不同在于，它还是人的情

---

① 李泽厚：《美学四讲》，《李泽厚十年集》（第一卷），安徽文艺出版社 1994 年版，第 470 页。

② 李泽厚：《美学四讲》，《李泽厚十年集》（第一卷），安徽文艺出版社 1994 年版，第 470 页。

③ 李泽厚：《美学四讲》，《李泽厚十年集》（第一卷），安徽文艺出版社 1994 年版，第 470 页。

④ 李泽厚：《美学四讲》，《李泽厚十年集》（第一卷），安徽文艺出版社 1994 年版，第 479 页。

感心理结构的物态化，“情感本体或审美心理结构作为人类的内在自然人化的重要组成，艺术品乃是其物态化的对应品”[1]。那么艺术又是什么呢？李泽厚认为，“艺术作为各种艺术作品的总和，它不应看作只是各个个体的创作堆积，它更是一个真实性的人类心理——情感本体的历史的制造”[2]。可见，无论是艺术还是艺术品，都与人的情感结构的建构密切相关，艺术美的产生（功利性到非功利性的纯艺术过渡）是建构情感本体的关键之一。总之，李泽厚主张，艺术美的理解应该从它对情感本体的建构作用影响来规定艺术美的规则和定义。只有从情感本体的视野中，才能判定艺术或非艺术。

从情感本体的建构角度去理解艺术美，和它早期的艺术美论——“艺术美是现实美的摹写和反映，又是现实美的集中和提炼”[3] 这两种观点并不相同，其内在的逻辑视野反倒是一致的，即关于艺术美的阐述都是从主体作用于客体的实践关系视野来展开分析。

（三）方法论基础

关于方法论基础的问题，李泽厚对于实践美学的理论分析采用的是社会学的历史还原法。针对美学大讨论中不断出现的论争的混淆，李泽厚就强调“应该把美从根本上如何来的（美的本质、根源）与为甚么会对某一事物感到美相区别开，不能混为一谈”[4]。实

① 李泽厚：《美学四讲》，《李泽厚十年集》（第一卷），安徽文艺出版社 1994 年版，第 536 页。

② 李泽厚：《美学四讲》，《李泽厚十年集》（第一卷），安徽文艺出版社 1994 年版，第 537 页。

③ 李泽厚：《论美感、美和艺术》，《美学论集》，上海文艺出版社 1980 年版，第 32 页。

④ 李泽厚：《美学的对象与范围》，《李泽厚哲学美学文选》，湖南人民出版社 1985 年版，第 200 页。

践美学作为美的哲学，始终坚持将研究内容重心放在美是从何而来的问题上。

具体来看，关于美的本质的表述，不是关于审美活动自身的特征进行现象学的还原分析，而是从实践活动中去确认它是如何发生的追问，将美的本质问题置换为关于美的来源问题；关于美（美感）是什么，实践美学考察的不是人为什么会产生美，为何大家一致会对同一个审美对象产生美感等进行审美经验的分析，而是追溯到劳动实践过程中主体作用于客体的是否统一；将美和美感割裂开来，将美感看作对美的认识或反映；等等。李泽厚的分析一脉相承地遵循历史还原思路。就具体命题而言，如美是真与善的统一，工具本体论、情感本体论、“经验变先验”“历史建理性”“心理成本体”等的论证和分析，莫不是进行历史社会学的还原。可见，历史还原法是李泽厚实践论美学的方法论基础。在这个问题上阎国忠有经典的概括：

> 实践美学应该能够告诉人们的，作为审美的客体，包括自然的、社会的、艺术作品中，是从哪里来的；人作为审美的主体是怎样生成的；人何以能够通过生产劳动创造出审美客体，又何以能够从他所创造的审美客体中获得一种愉快。但是，美学所要追索的问题主要并不是这些，而是美是什么；审美如何成为可能；在美感的一刹那中，审美主体的心理状态是怎样的；美感的快慰是什么性质的，它与快感有什么不同；审美活动与

认识活动、道德活动是怎样一种关系；等等。①

由此可知，实践美学对于美学基本问题的考察，不是基于审美经验基础上一般形式的在意识上的自我反思和纯化，而是从审美体验到社会实践活动的层层还原。这种历史还原方法论意味着，实践美学基本观点和范畴分析的方法论只能是发生学的考察，而事实证明，实践美学确实是沿着这样一条历史社会学的还原之路来逐一探讨美学的基本问题和主要范畴的。李泽厚对于美学的基本理论问题、美学范畴等的落脚点，不是所为为何的普遍必然性追问，而是从何而来的发生学考察。

第四节　李泽厚实践美学对美学学科视野的扭曲

经过对李泽厚实践美学思想视野的考察可知，实践美学从审美活动的类型属性到美的本质、美学基本理论的展开，都是在实践视野内展开的。这里所谓的“实践”，是经李泽厚一步步窄化并纯化为使用—制造工具的物质生产活动。关键是，使用—制造工具的劳动实践，即人对自然的改造和利用，它是一种主体作用于客体，主体改造客体、征服客体的一种认知关系模式；它从根本上决定了审美活动的思想视野只能是先天单一的认知视野，伦理和审美

① 阎国忠：《走出古典——中国当代美学论争述评》，安徽教育出版社 1996 年版，第 408 页。

被迫归并在了认知领域之内。审美活动只能在认知视野中展开，这就从根本上意味着，实践美学的研究对象、审美的内在规定性、美学范畴等美学基本问题，包括方法论基础，都被纳入了实践之主客认知的关系模式。因而，从整体而言，实践美学的视野是一种认知视野。

从知识学的角度而言，实践美学囿于“使用—制造工具”的生产实践这单一的主客认知思想视野，在认知视野内对知、情、意的划分和论证，无论哪个学科的研究对象、研究方法，还是理论观点和体系范畴都必将从根本上为主客认知思维所规定。也就是说，认知活动、审美活动和自由的意志都必须到认知领域中寻求自身的规范基础和理论支撑。如此一来，实践美学就是由主客认知视野所生发出来的子属领域，它在本质上从属于实践的认知领域，所有审美或非审美的判定转化为真与假的真值判定，被还原成反映/被反映的真值判断。也就是说，美感的判断标准被还原成了它是否正确地反映了客观现实事物。

可以说实践美学从发端之日起，就在认知视野中展开美学理论的建构，直至今日，这种视野一直隐形地延续在中国现代美学的理论建构当中，盘踞在各个高校的课堂上。问题是，将美学学科的视野寄托在实践之主客认知的关系视野中是否恰切合理呢？下面从三个方面予以论述。

一　西方现代美学的思想视野

全球化的推进和历史的尘埃落定，为重新省视实践美学提供了新的理论支点和思想空间。回到中国现代美学的初创期，回到西方现代美学的奠基——康德美学那里，回到作为严格意义上的现代美学学科的学科视野问题上，从与典范的现代美学学科视野的对比，是本书考量实践美学学科视野的理论路径。

西方现代美学发端于18世纪中期，奠基于18世纪末康德美学。在康德那里，美学理论是建立在传统的知、情、意思想视野三分的前提下的。首先，康德依据人性普遍论将人的心灵划分为认识、实践和审美三大块，其中对应着人的知性、理性、审美的认识能力，由这三大区域的划分和认识能力的区分，依据各自领域内在的逻辑而建立不同的学科。在《判断力批判》的《导言》伊始，康德就划定了各个学科的知识—逻辑域，并对各个领域的界限、认知能力、先天原则、应用范围等做了严格的区分，尤其是将审美活动与认知活动、实践活动中区分开来。其次，审美无功利性。康德将在与认知、实践能力的诸种对比分析中，界定了判断力是一种直观的、无概念的、主观形式合目的性的能力；鉴赏判断是仅由对象表象激发起人的认知力和想象力的相互激荡而引起的情感上的愉悦和不愉悦，它无关任何现实事物，因而确认美的本质为无功利性。再次，在确认了美是无功利性这一本质前提下，将美确定为不带任何功利的对对象表象的评判而产生的审美感受，即“无目的的合目的性”；在鉴赏判断中，知性力与想象力相互激荡产生的不同作用，产生了优美、崇高等范畴，依次逻辑展开了美学的理论建构。最后，在方法论基础上，康德采用的是广义上的现象学还原，即对审美经验的一般性分析，通过严密的论证和分析逐步纯化意识结构，直至分析得出美的普遍必然性的一般性形式。

西方现代美学作为一门学科，从审美本质到审美范畴、审美体验的逻辑展开，方法论基础甚至知识样态、构型都呈现独特的系统特征，并延伸为西学知识建构的传统。作为现代西方人文学科整个知识系统的一部分，经过近 300 年的系统推进和充分谱系化，整个现代美学的知识谱系背景已成为强大的共识和不言而喻的知识传统。

二　中国现代美学初创时期的学科视野

众所周知，现代学科意义上的中国美学是 20 世纪初由西方传入。它大体因循了西方现代美学的知识体系和审美视野，在王国维、蔡元培、宗白华等人躬亲示范和大力推动下，中国美学具备了初步的学科范式和理论基础。总体而言，这一时期的学科思想视野及理论范式深受西方现代美学（尤其是康德美学）的影响。虽然王国维、蔡元培、早期鲁迅、宗白华、早期朱光潜等在具体的美学观念上各有侧重，但其思想视野和美学知识体系又分外相似。

首先，延续西方的分类学传统。王国维作为“中国美学第一人”（聂振斌语），将人的心意划分为知、情、意三类，“人之能力分为内外二者：一曰身体之能力，一曰精神之能力。……精神之中又分为三部：知力、感情及意志是也。对此三者而有真善美之理想：真者知力之理想，美者感情之理想，善者意志之理想也”①。在学科知

① 王国维：《论教育之宗旨》，《王国维文集》（第三卷），中国文史出版社 1997 年版，第 57 页。

识分类上，则认为“世界学问，不出科学、史学、文学”①。在王国维这里，其思想视野三分的传统，知情意价值观、学科的对应等几乎与康德无二。在蔡元培那里，也是类似，此不赘述。

其次，对审美无功利性的坚持。随着身处战乱的年代，王国维、蔡元培对审美无功利性越发地尊重和自觉。王国维的“可爱玩而不可利用者是已”，蔡元培的“不复有人我之关系，遂亦不能有利害之关系”等，皆是对审美无功利说的直接表述。王国维还将无功利的美学观运用到中国文学领域的批评分析中，取得了很高的成就，蔡元培以审美无利害性出发去培育人美好的性格，终身推广“以美育代宗教”思想，等等。总之，在中国现代美学的初创期，可以发现其美学是建立在知、情、意三分的基础上，在审美活领域内部为美学立法，这与康德美学十分一致。

三　实践美学对学科视野的扭曲

由上简要分析西方现代美学和中国现代美学初创期，可知三点：其一，它们的思想视野都是建立在认知、实践、审美严格三分的基础上的，而实践美学则是建立在单一的实践视野之中。其二，它们是从审美活动本身为审美立法，即从审美领域内部去为审美寻找立法的根据，实践美学则从人类的劳动实践中去为审美活动寻找立法的根据。其三，它们对审美经验的考察是内在分析性的，是逻辑论证的，而实践美学对于审美经验的考察则是从外部向历史发生处的

① 王国维：《〈国学从刊〉序》，《王国维文集》（第三卷），中国文史出版社 1997 年版，第 366 页。

还原。

通过对比可以明确地看出，建立在认知视野上的实践美学，与建立在审美视野上的西方现代美学是截然不同的，从思想视野到美的本质再到方法论基础，都有着质的差异。实践美学观认为，审美活动的本质、审美感知、审美过程都需要从人类最基本的活动——实践中来寻找，整个审美范围、审美对象、审美过程归根结底都是基于主体（人类整体）对客体（自然）的征服。但是事实上，劳动实践仅可以作为审美起源、主体心理建构、审美对象的背景性补充，而不能提供对审美活动审美本身的内在解释，即审美如何可能、如何展开的解释。李泽厚将审美经验纳入实践论视野中考察，导致了美学理论中审美自律性/自主性的遮蔽和退场。实践美学从根源上偏离了审美自身的领地，将学科视野从审美视野挪移到了认知视野，造成了美学学科视野的扭曲的，进而导致美学理论之规范性基础的持续性丧失。

但是，这种学科视野的扭曲并不始自李泽厚的实践美学。早在20世纪三四十年代美学中国化、“本土化”的过程中，美学学科的思想视野悄悄地进行了挪移和替换。这一转向以40年代蔡仪的《新美学》为标志，随后，李泽厚为代表的实践美学派将这一转向彻底化并学科化，并一直延续至今的美学学科视野的建构当中。

问题是，将学科视野从审美自律得以实现的审美领域挪移到认知领域，它还是严格意义上的现代学科吗，它又将带来怎样的影响呢？对此，有的批评家不由分说直接对实践美学进行了否定，早弃之如敝屣，如刘晓波；更有甚者认为“中国没有西方意义上的美学”[①]；有的对实践美学进行批判反思，在批评中坚持的大有人在，在批判中否定的也为数不少；但是也有个别思想家跳出美学理论的旋涡，将其推拒为对象，对实践美学的学科视野进行了有力而彻底的清理和反思，可惜的是，这种客观冷静而见微知著的反思往往被湮没在世俗的喧嚣中。从思想视野的角度切入对实践美学的考察和反思，即是本书下面章节所要努力的目标。

① 彭富春：《哲学美学导论》，人民出版社 2005 年版，第 30 页。

第二章 西方现代美学思想视野的基本构成

实践美学学科视野的根本问题是什么呢？我们借以反思的基础又是什么呢？实践美学作为中国现代美学思想史上一个重要的理论流派，有着较广的关联域：一方面，有着较长的时间跨度和根深蒂固的理论影响，它不但勾连其前此和之后的美学理论的思想视域问题，而且至今仍普遍性地渗透在21世纪的美学理论建构中。另一方面，实践美学的发端和演变与中国现代性的思想语境密切相关，实践美学作为一个思想的切入口，勾连着中国现代性的历史语境。因而，要反思美学的学科视野，首要的是回到美学本身，回到现代美学的发源处——学理维度的康德美学和时间维度的中国现代美学初创期。本章的主要内容即是对康德美学的思想视野的基本构成进行分析。

在正式展开论述之前，需要澄清两个问题。一个是反思实践美学的学科视野，为什么要回到西方现代美学，换句话说，考察有关美学学科的学科视野的建构，为何要以西学（尤其是康德美学）为准。这并不是说现代西学的思想视野是一个超越时空、民族界限而具有放之四海而皆准的人类普遍性，何况它本身已经岌岌可危，而是就美学学科作为一个特定历史阶段的思想产物而言，美学学科视野典范地体现在西方现代美学（尤其是德国古典美学）那里，同时，“中国古典美学的现代转型问题，一个关键性的因素就是西方美学在中国的传播”①，因而，只有从现代美学的规范处、根源处清理实践美学的思想视野问题，才能为进一步建构中国现代美学理论扫清障碍。

另一个是为什么要回到中国现代美学的初创期。众所周知，中国传统文化的现代转型发生在19世纪末20世纪初，以五四以来的文化断层为标志。这一转型不是中国历史上曾出现的儒释文化的相互消融，而是“西学知识系统对（中国）传统知识谱系的全面替换”②。在当今，就算是中国传统知识，也“必须经过现代知识系统的解释、过滤和处理，才有进入当代中国知识世界的合法性”③。19世纪末中国的大门被西方的坚船利炮轰开之后，中国的文化传统也同样难逃被征讨的命运，并在1894年中日战争失败后对传统文化的否定达到质变。1919年“五四新文化运动”、20年代“科玄之争”等文化狂潮，都是中西文化冲突的集中表现。正是因为西方现代文化对中国传统文化由外而内的否定、置换，才形成了中国现代文化。之所以称此为中国文化由传统向现代的转

① 王宏超：《美学的发明：中国现代美学的学科制度与知识谱系》，复旦大学出版社2022年版，第55页。

② 曹顺庆、吴兴明：《中国传统文论的“异质性”概说》，《三峡大学学报》（人文社会科学版）2001年第3期。

③ 曹顺庆、吴兴明：《中国传统文论的“异质性”概说》，《三峡大学学报》（人文社会科学版）2001年第3期。

型，是因为现代西方文化不但改变了中国传统文化外在的纲常伦理、道德观念，而且从内部瓦解着人们的文化心理和生活习惯（趣味、习惯的变迁）。这次与既往内容的融合不同，而是知识性质的根本性改变，包括思维方式、言语表达、知识质态等，崭新的知识样式甚至塑造了新的理论内容。这一置换是根本性的，彻底改变了中国知识的质态和面貌。虽然中国现代化进程不同于西方的自发现代性，但20世纪的中国知识立场在根本上只能是西学的。无论是中国现代美学的发端（王国维、蔡元培等），40年代向马克思主义的转向（蔡仪开端），还是1949年后至今的实践美学的庞大理论家族及其衍生，都与中国传统文化几无瓜葛，而完全被纳入了现代性的视野。因而，考察中国现代美学初创时期的美学理论，既有利于理解西方现代美学在现代学科建设中的典范性，同时为分析之后实践美学的审美视野提供了本土化的参照。

本章着重分析西方现代美学思想视域的基本构成问题，关于初期中国现代美学理论视野问题放在下一章论述。

第一节　康德美学思想视野的基本构成

在西方思想史上，关于审美和文艺的理论思考至少可以追溯到古希腊的苏格拉底，但是，美学作为一门学科的创立却是在晚近的18世纪。到了18世纪中期，始有鲍姆嘉登（Baumgarten）出版专著《美学》（1750年），专论美感，对其以知识对待，是为“美学”名词之托始。至于康德，始确定美学在哲学上之地位。“作为一种哲学视野，美学在此所‘展现’的不只是一个学科，它是关系众学科群在最基础级逻辑划分中的一个思想域。”①

现代美学学科的诞生是现代性的产物之一。韦伯认为，欧洲现代化实现着神义论到人义论背景的转换，是一个不断祛魅的合理化进程。在人义论背景下，人自身代替宗教作为价值确立的终极依据，表现为从笛卡尔的抽象我思主体到康德的先验自我意识的主体性原则。合理化进程，在生产领域体现为分工，在教育与学术领域则是学科日益细密的分科，在社会制度领域表现为功能及权利的分化，在宇宙观中呈现为人与自然的分化，在思维中则是精神与物质实在、主体与客体的分化乃至对立。正是在这种现代分化的趋势下，产生了各个特定学科对象的区分，即文化价值领域的分化——知、情、意思想视野的产生以及逻辑学、伦理学和美学等现代学科的产生。正如哈贝马斯所言：“随着现代经验科学、自律艺术和用一系列原理建立起来的道德理论和法律理论的出现，便形成了不同的文化价值领域，从而使我们能够根据理论问题、审美问题或道德—实践问题的各自内在逻辑来完成学习过程。”②

在现代性分化的基础上，各领域同时产生自我确证的要求。所谓自我确证，即每一个领域自觉地要求从本身内部获得证明，即自己为自己立法。由此，认知领域通过人对客观对象规律的把握获得自身的规定性，实践领域通过人的自由选择的意志来为自己立法，

① 曹顺庆、吴兴明：《正在消失的乌托邦》，《文学评论》2003 年第 3 期。

② ［德］于尔根·哈贝马斯：《现代性的哲学话语》，曹卫东等译，译林出版社 2004 年版，第 1 页。

审美活动则通过对审美体验，即分析“感性认识的完满”来为审美活动立法。一方面，每个领域、每个学科都有自身特殊的对象领域和研究方法；另一方面，该学科的规范性基础只能源于该领域的自我证明。因此，哲学的三大分支——知、情、意，分别以研究认识关系、审美关系、实践关系，构成了现代知识谱系上的逻辑学、美学、伦理学三大学科分支。

从历史发展来看，一方面，艺术本身经历了依附宗教而自我独立的转变。艺术和审美最初作为宗教仪式，起着整合人类精神、伦理的作用。随着宗教世界观和价值观的瓦解，审美作为一项独特的价值活动逐渐从宗教活动或社会活动中分化出来，艺术形式自身也获得了自身的发展，并从宗教中独立出来。它不但剥离了宗教、政治、社会等因素，而且将情感活动与认知、实践活动区分开来，并演变成为一项独立的价值领域。另一方面，独立出来的文化领域需要寻求自身合理化根据。在传统文化中，艺术和审美活动常常受制于哲学观点或宗教教义，艺术或审美活动的标准需要到宗教教义中寻找，即审美活动的合法化依据不是自身，而在其自身以外的领域——宗教、伦理等。随着文化价值领域的分化和自我反思的主体性原则的确立，独立的审美活动从外部转向自身寻求合理性，从审美活动内部取得立法的根据。

现代美学学科的诞生之所以公认始于鲍姆嘉登，并不仅仅因为他命名了“美学”，而是他在学科建构上初步提出了宝贵性的尝试。鲍姆嘉登研究哲学思想发现，有专门研究认识的逻辑学、研究实践活动的伦理学，唯独没有研究“感性学”的学科，因而要求设立专门研究人的“感性认识的完满”的“感性学”，即美学。鲍姆嘉登明确将这门学科确定为“作为自由艺术的理论、低级认识论，美的思维的艺术和与理性类似的思维的艺术是感性认识的科学”，是“对以美的方式思维过的东西所作的共相的理论考察”①。在这个定义中，鲍姆嘉登提出了美学研究的对象和范围，而且区别了美学思维与理性思维，为现代美学审美视野的形成创造了雏形。

为审美视野的确立打下坚实基础的是康德。无论是就审美视野的确立而言，还是就知识谱系的演绎而论，康德在1790年出版的《判断力批判》都达到了一个顶峰，成为现代美学理论的奠基之作。在《判断力批判》中对美学作为认知和理性世界的过渡桥梁、审美本质——“审美无功利性”的确认、优美与崇高的范畴分析等，成为而今我们耳熟能详的美学“律令”，作品中传达的空前的思辨力和逻辑演绎能力，令人为之深深折服。下面就从四个方面来详细剖析康德对现代美学审美视野的奠基。

一　分类学的重新确认

康德将世界分为“实体”与“现象”。“实体”即所谓的“物自体”，指在主体之外的“客体”永远不可知，它能给人的只是感官的刺激，进而在人心中形成“对象表象”——“现象界”。因而，康德的整个哲学体系就是关于“现象界”与先验主体意识领域之间的逻辑自洽关系而展开的演绎推理。康德美学是审美经验与“感性认识的完满”在逻辑上自洽的研究。

① ［德］鲍姆嘉登：《美学》，简明、王旭晓译，文化艺术出版社1987年版，第13—15页。

康德将人的意识划分为三大领域——认知领域、实践领域和审美领域。“三大批判”，即《纯粹理性批判》、《实践理性批判》和《判断力批判》即分别对这三大思想领域的对应论述。《纯粹理性批判》的任务在于“把出自先天认识原则的认识能力称为纯粹理性，而把对它的可能性和界限所作的一般研究称为纯粹理性批判”①，它涉及自然存在的认知，受到自然规律的支配；《实践理性批判》则研究人的先天意志力，并对它运用范围进行界定的研究，它针对的是绝对理念；《判断力批判》则研究人的先天判断力，针对的是感性领域。“对于认识能力来说只有知性是立法的”②，“对于作为按照自由概念的高级能力的欲求能力来说，只有理性是先天立法的”③，对于介于认识能力和欲求能力之间的情感，只有判断力是立法的。总体而言，康德将人的内心能力分为认识能力、愉快和不愉快的情感、欲求能力，对应着知性、判断力、理性三种认识能力，合规律性、合目的性和终极目的的诸先天原则，应用于自然、艺术和自由领域。康德在展开判断力分析之前从哲学角度划定了思想视域，并为各自划定了泾渭分明的立法形式。

在《判断力批判·导论》中，康德首先为愉快和不愉快的情感找到其立法能力——判断力。康德将一般判断力分为规定性判断和反思性判断。规定性判断，指从普遍到特殊的推演；反思性判断，则指由特殊推求一般。反思性判断意味着它的规律不是靠外在给予的，而只能从自己推求，否则就成为规定性判断。从反思性判断自

---

① ［德］康德：《判断力批判·序言》，邓晓芒译，人民出版社 2002 年版，第 1 页。
② ［德］康德：《判断力批判》，邓晓芒译，人民出版社 2002 年版，第 11—13 页。
③ ［德］康德：《判断力批判》，邓晓芒译，人民出版社 2002 年版，第 13 页。

身而来的先天原则即自然的合目的性。只有自然形式的合目的性，才保证既包含自然领域的合规律性的知性力，又包含自由领域的合目的性的意志力，所以，判断力才能成为沟通自然与必然、真和美的桥梁和中介。由此，康德在认知领域、实践领域之外，为审美领域开拓了一片新的领地。

二 审美本质的确认

在《判断力批判·导论》中引出介于知性与理性中介判断力之后，康德接下来的首要工作就是对审美本质进行确认。康德在第一章第一卷“美的分析论”中，从质、量、关系、模态四个契机对鉴赏判断进行了分析，将鉴赏判断的性质定义为“无目的的合目的性”。下面从一个契机分别予以论述。

第一，从第一契机“质”来看，鉴赏判断是“不带任何利害的愉悦和不悦”①。首先，康德认为，“分辨某物美是不美，是通过想象力而与主体及其愉快或不愉快的情感相联系”②。将美的判断方式定义为“想象力”的同时，就将美的判断标准与认识和实践的判断标准区别开了，想象力是主观的，因而它“不是认知判断，因而不是逻辑上的，而是感性的［审美的］”③。鉴赏判断不同于认识判断，它不是客观的逻辑认识，而是主观的感性认识，其中不关联任何客体，而仅仅以情感的愉快和不愉快关联着主体，这对于认识毫无贡献。因而，愉悦的情感规定着鉴赏判断。

---

① ［德］康德：《判断力批判》，邓晓芒译，人民出版社 2002 年版，第 45 页。
② ［德］康德：《判断力批判》，邓晓芒译，人民出版社 2002 年版，第 37 页。
③ ［德］康德：《判断力批判》，邓晓芒译，人民出版社 2002 年版，第 37—38 页。

进一步，康德区分了三种愉悦。无论是快适的愉悦还是善的愉悦都是与利害结合着的，只有美的愉悦是无利害的。因为快适和善关联着人的欲求能力，与实体存在相关。快适指人的感官的愉悦，它是病理学上的；善则是纯粹意志领域的带有实践性的愉悦，它也关涉对象的实存性。而鉴赏判断则对客观的实体存在无动于衷，它关心的只是物体表象与情感的愉悦或不愉悦的对照关系。这是三种不同的对象表象（快适、美、善）及其对于情感（愉悦与不愉悦）的三种不同关系（感官的快感、审美的快感、道德的快感），而只有审美的快感既无欲求（不涉及对象的存在），又无什么目的（不涉及对象现实的目的概念），是唯一一种自由的快感。所以，就质的方面来说，美的特点在于不涉及利害关系，因而不涉及欲念和目的概念，只属情感本身的愉悦。康德由此得出结论："鉴赏是通过不带任何利害的愉悦或不悦而对一个对象或一个表象方式作评判的能力。一个这样的愉悦的对象就叫做美。"①

第二，从第二契机"量"上来看，"美是无概念地作为一个普遍愉悦的客体被设想的"②。无利害性的美产生于个体，它同时要求他人普遍性的认同。这种普遍性是如何实现的呢？因为美仅关涉对象表象与个体情感的关系，因而，这种普遍性只能是一种主观普遍性。在这方面，美与快适、善又是不同。快适是个人特有的，它不追求普遍性。善是"通过一个概念而被表现为某种普遍愉悦的客体"③，而与美和快适不同。鉴赏判断要求每个人对同一个对象感到

① ［德］康德：《判断力批判》，邓晓芒译，人民出版社2002年版，第45页。
② ［德］康德：《判断力批判》，邓晓芒译，人民出版社2002年版，第46页。
③ ［德］康德：《判断力批判》，邓晓芒译，人民出版社2002年版，第48页。

愉悦，却又不是像善一样通过一个概念而被表现，而是无概念的感性上的普遍有效性，它不同于基于客体概念的客观的普遍有效的判断，因为，后者也可以表现为主观上的普遍有效，而主观普遍性则不能反推，它仅限于主观普遍性，因为它不是针对客体的。正是基于鉴赏判断是无概念的主观判断，因而必须是先有判断再有愉悦，这才使它从根本上区别于快适。康德由此得出结论："凡是那没有概念而普遍令人喜欢的东西就是美的。"①

第三，从第三个契机"关系"来看，"美是一个对象的合目的性形式，如果这形式是没有一个目的的表象而在对象身上被知觉到的话"②。它包括两个内容：一是对象的合目的性形式，二是这形式的无目的性。在康德这里，"目的""就是一个概念的对象"③，"概念"是对象的可能性的实在的根据；"合目的性"是"一个概念从其客体来看的原因性"④，即客体对象如能把概念所包含的各种规定完全显示出来就是合目的性的。就鉴赏判断而言，审美对象以其纯形式适合了主体的心意机能，适合了想象力和知性的自由游戏，具有主观合目的性。由第一契机"质"知道审美对象是无利害、无概念的，不涉及对象的有用性和完满性，又是无目的的。也就是说，审美对象一方面在概念上是合客观目的性的（无目的性），另一方面在形式上是合主观目的性的，即康德美学的核心论断美是"无目的的合目的性"。

第四，从第四个契机"模态"来看，"凡是那没有概念而被认

① ［德］康德：《判断力批判》，邓晓芒译，人民出版社 2002 年版，第 54 页。
② ［德］康德：《判断力批判》，邓晓芒译，人民出版社 2002 年版，第 72 页。
③ ［德］康德：《判断力批判》，邓晓芒译，人民出版社 2002 年版，第 55 页。
④ ［德］康德：《判断力批判》，邓晓芒译，人民出版社 2002 年版，第 55 页。

作是一个必然愉悦的对象的东西就是美的”①。康德这个对“美的”论断强调了两个地方，一个是“没有概念”，另一个是“必然愉悦”。前者延续了第二契机“无概念性”，后者是第四契机着重论述的模态，即关于美的东西与愉悦之间的关系。康德将模态范畴划为可能性与不可能性、现实性与非现实性、必然性与偶然性三个部分。与一般的判断具有可能性或现实性不同，审美的快感是一种必然性的，即只要面对美的东西，就必然有愉悦的快感。审美的必然性不是理论上的客观必然性，也不是实践上的客观必然性，是一种示范性的，“即一切人对于一个被看作某种无法指明的普遍规则之实例的判断加以赞同的必然性”②。那么，这种一切人都赞同的主观必然性（主观普遍必然性）如何实现呢？“鉴赏判断必定具有一条主观原则，这条原则只通过情感而不通过概念，却可能普遍有效地规定什么是令人喜欢的、什么是令人讨厌的”③，即共通感。这种共通感，是基于人在审美时具备普遍可传达性的“心意状态”而预设，“只有在这样一个共通感的前提下，才能作鉴赏判断”④。

从逐一论述中，康德得出他那经典的结论：审美是“无目的的合目的性”。不过，从整体来看，第一个有关“质”的契机是最为重要和根本的，后面三个特征可以看作对第一个特征的阐释和补充，因为只有“审美无利害性”从根本上使审美活动与认知活动和实践

① ［德］康德：《判断力批判》，邓晓芒译，人民出版社2002年版，第77页。
② ［德］康德：《判断力批判》，邓晓芒译，人民出版社2002年版，第73页。
③ ［德］康德：《判断力批判》，邓晓芒译，人民出版社2002年版，第74页。
④ ［德］康德：《判断力批判》，邓晓芒译，人民出版社2002年版，第75页。

活动区分开来。这一本质观遂成为西方现代美学的“铁律”，并不断被不同时代的不同美学家演绎，“审美无利害性”成为现代美学的基础，如同杰罗姆·斯托尔尼兹所言：“除非我们能理解‘无利害性’这个概念，否则我们就无法理解现代美学理论。”①

关于“审美无功利性”在康德、叔本华、克罗齐、柏格森那里都有精深的论述。叔本华的“审美静观论”、柏格森的“意志绵延说”、克罗齐的“直觉表现说”都是对于审美无关客体实体存在、仅限于表象的形式本身与主体愉悦或不愉悦的情感直接相关的论述。

三　鉴赏判断的逻辑展开

对审美本质确定以后，康德依据审美本质展开其整个美学体系的逻辑建构。因为审美“无目的的合目的性”，即人的想象力和知性力达到自由游戏的状态，在想象力与知性力相互激发产生不同形态——和谐、冲突等，它们构成了各种美感范畴。下面从两个方面予以论述。

（一）审美范畴

在康德看来，所谓美感即主体对某个表象形式的愉悦或不愉悦的情感。尽管审美判断不是知识判断，因为后者是把一个表象归摄到客体概念之下，而前者却根本不把它归摄到一个概念之下，从而不是逻辑的判断，但它可以凭借想象力和知性相互激发，在相互激

① ［英］杰罗姆·斯托尔尼兹：《审美无利害性的起源》，《美学译文》（第3册），中国社会科学出版社1985年版，第17页。

发中，达到合目的性与合规律性的统一。“鉴赏判断必须建立在想象力以其自由而知性凭其合规律性相互激活的感觉上。”① 也就是说，在认知力与想象力相互激荡的情况下，诸认知能力在自由活动中促进表象的合目的性，想象力则使直观具有知性的合规律性。而鉴赏判断就是对想象力和知性在感觉上的相互激发的状态判断，如果知性与想象力协调一致，那么便产生情感的愉悦，当二者相互激活的或一致或冲突或矛盾的不同状态就产生了不同的美感。从知性与想象力的不同运动，便产生了不同的审美范畴。在康德看来，美感是知性与想象力的和谐运动，崇高感则是知性与想象力的矛盾运动。由此出发，康德分析了优美、崇高（力的崇高和数量的崇高）等审美范畴。如若二者协调一致，则产生优美（一般所谓的“美”），“美就是那在单纯判断中（因而不是借助感官感觉按照某种知性概念）令人喜欢的东西”②；美是想象力和知性在表象的形式上的自由和谐的活动，二者冲突、矛盾、相逆，则为崇高——“那通过自己对感官厉害的抵抗而直接令人喜欢的东西”③，是由于表象无形式或无限性而产生阻碍并要求一种超感性的理性能力协助想象力而达到的一种飞跃。

（二）范畴结构关系

康德为了完成他的哲学体系在纯粹理性与实践理性之外，又提出了审美判断力作为以上两者的桥梁，并为此创造了“无目的性的

---

① ［德］康德：《判断力批判》，邓晓芒译，人民出版社 2002 年版，第 129 页。
② ［德］康德：《判断力批判》，邓晓芒译，人民出版社 2002 年版，第 107 页。
③ ［德］康德：《判断力批判》，邓晓芒译，人民出版社 2002 年版，第 107 页。

合目的性"的先验原理。这个"无目的性的合目的性"的先验原理是贯穿于康德整个美学思想的中心线索。但其具体含义在形式美、壮美以及艺术美中又有所不同，总的来看是经历这样一种由美到善、即由优美到壮美、由形式美到依存美的过渡。

康德美学立足于感性经验形式特征，以情感的愉悦或不愉悦为逻辑起点，以"一般判断力的主观原则"为鉴赏原则，展开了一系列审美范畴的论证。此处所谓的"一般判断力的主观原则"，即所谓的观念自在域的逻辑自洽性，"想象力以其自由而知性凭其合规律性相互激活"①。想象力与知性（概念）处在一种协调的自由的运动中：想象力自由地唤起知性，而知性不借概念的帮助而将想象力放在合规律的运动中，此时便产生了愉悦的情感。如果知性与想象力协调一致（所谓"无目的性的合目的性"），那么便产生情感的愉悦，即优美；当二者相互激活的或冲突或矛盾则产生崇高感。此崇高感是因自然对象"无形式"对审美造成一定的障碍，通过想象力唤起人的伦理道德和精神力量与之抗争并进而克服之而产生的胜利的愉悦。最后，康德又将从认知到伦理、"真"向"善"的过渡看作由美到崇高的过渡，由纯粹美到依存美的过渡，由形式美到艺术美的过渡。纯粹美是纯粹形式的美，理想的美是"依存美"。依存美是指依存于一定概念的、有条件的美，它具有可以认识的内容意义，从而有知性概念和目的可寻。

整体上而言，康德以"感性体验"即情感为研究对象，在对对

① ［德］康德：《判断力批判》，邓晓芒译，人民出版社 2002 年版，第 129 页。

象的感性直观中，通过想象力和知性的自由和谐的相互激发，从而达到主观形式的无目的性的合目的性，产生优美、崇高、悲剧等美感范畴，成为后世美感范畴分类的基本典范。

四　方法论基础

审美视野的分有和审美本质的确认，从根本上决定了以审美活动和艺术品为研究对象的美学研究的入思方式和言述空间，它是在与认知、实践的对比当中分析性地展开，也是基于审美视野的、以“审美无功利性”为本质的分析性展开。因此，在方法论上表现为同一性和差异性的种属对比和现象学还原。

（一）同一性与差异性的类分

1. 种属的同一性

情感是人的内心意识之一种，判断力也属于人的认识能力的一种，从种属关系来讲，鉴赏判断的性质必然与人的心灵意识保持一致。这就意味着它在根本上是一种人的意识活动，因而完全承袭意识活动的一切特征。也就是说，关于判断力的鉴赏判断是基于物体表象与主体意识结构的逻辑自洽性的关联判断，而非意识之外的任何与实体或物质世界直接相关的认识研究。这就从根本上决定了康德的审美是研究有关客体表象（主观形式）与主体中的愉悦或不愉悦的情感之间的契合关系，是一种主观的意识活动。人的内心的全部能力之定位，决定了审美活动研究只能是在人的意识结构内的活动之一种。审美的内在规定性只能是来自主体意识中属于判断力的那一部分。

2. 属之间的差异性

人的心灵包含了认识能力、愉快和不愉快的情感、欲求能力，情感/判断力在与认识能力/知性、欲求能力/理性的对比中区别开来，确立自己的特征。在对“美的分析”中，康德从质、量、关系和模态四个方面对“判断力”进行了界定，而这每一项对“美”的界定都是在与认知和实践领的对比当中进行。质——与认识领域的求“真”和实践领域的求“善”的目的性行为不同，将“美”标注为主观直觉、感性的、非功利的，是无目的的、无概念的等；判断力的量、关系、模态也是在与认知、实践的处处对比中确立审美自身的特质。以第一契机的分析为例。康德在“第一契机鉴赏判断按照质来看的契机”这一小节的分述标题是：“1. 鉴赏判断是审美的”“2. 那规定鉴赏判断的愉悦是不带任何利害的”“3. 对快适的愉悦是与利害结合着的”“4. 对于善的愉悦是与利害结合着的”“5. 三种不同特性的愉悦之比较”，以“从第一契机推得美的说明”作结。在有关“鉴赏判断是审美的”，这一小节中，康德开头便作了清晰的比较和界定，审美判断“不是把表象通过知性联系着客体来认识，而是通过想象力（也许是与知性结合着的）而与主体及其愉快或不愉快的情感相联系。所以鉴赏判断不是认识判断，因而不是逻辑上的，而是感性的［审美的］”①。在与认知方式和对象的对比中，将审美判断自身的特性确立下来，并与认知领域区别开来。从标题看，审美愉悦又是与生理快适和意志的善的愉悦不同。在这从质到量、

① ［德］康德：《判断力批判》，邓晓芒译，人民出版社2002年版，第37—38页。

从外到内的层层区别中，逐层剥除认知和实践因素，在对比中将审美的“质”确立下来：“鉴赏是通过不带任何利害的愉悦或不愉悦而对一个对象或一个表象方式作评判的能力。一个这样的愉悦的对象就叫作美”①。从量、关系、模态，到“美的分析”“崇高的分析”，再到“美”作为由认知到理性的过渡，整部《判断力批判》“无目的性的合目的性”的论断，甚至康德的“三大批判”始终建立在知、情、意思想视域分野的对比分析上。在对比分析中，康德确立了审美的理论体系和规范性基础。

（二）现象学还原

作为方法论，现象学还原指通过对事物经验的考察出发，通过不断的回溯，不断纯化意识内容，不断向“本质直观”还原，以到达确立知识的先验根据，即“将所有哲学概念都回溯到它们在直观中的原初源泉上去”②。宽泛地讲，这条向意识的内在性即本质性不断地回溯还原，在对意识活动的内在反思中行进推求先验之据，并最终以本质直观即观念自在域的逻辑自洽性为明证之据的路线，“开启了整个西方思想史，开启了从诗学、美学到伦理学、逻辑学的庞大学科群的知识体系”③。从审美活动本身为审美立法，从审美活动本身的内部约束、内部规则、内部约定去为审美立法，这种路径进而决定了其研究方法只能基于个别事物或个别现象的现象学还原。

---

① ［德］康德：《判断力批判》，邓晓芒译，人民出版社 2002 年版，第 45 页。
② 转引自倪梁康选编《胡塞尔选集》，上海三联书店 1997 年版，第 3 页。
③ 吴兴明：《中国传统文论的知识谱系》，巴蜀书社 2001 年版，第 10 页。

鲍姆嘉登在缔造美学的同时，为美学研究确立了一个目标："感性认识的完满"。他所确定的目标不是要描述各种具体的审美经验，而是要达到感性认识的"完满"。"完满"的知识并不来自经验之中，而是来自对"感性认识"作为一般意识形式之内在要素的分析之中。让感性认识合乎感性认识自身的本质，这就是"完满"。

在康德这里，鲍姆嘉登所谓的"感性的完满"表现为对鉴赏判断中主体情感与对象表象之间关系的分析。首先，康德基于个别事物的感性经验（感性直观）描述，区分了作为感性经验活动的审美活动与认知活动和道德活动。审美活动非理性活动，是直观体验；不借助概念推理，通过想象力激发；审美判断标准非逻辑符合，是情感的愉悦。其次，进入意识的表象的主观构成进行分析，突出审美对象的表象形式的意向性构成。该分析从四个契机（质、量、模态、关系）逐步分析推出，鉴赏判断只能是对表象的（主观）形式进行无目的性的合目的性判断。最后，审美活动与审美意识本质的逻辑自洽性在相互激荡中生成。通过想象力与知性的相互激荡，使这种主观形式上的构成与先验原则（审美意识本质）相互协调、一致，从而产生美感，即"无目的性的合目的性"。从单一的审美体验向美的观念自在域的逻辑自洽的还原，即康德美学的现象学还原之路。

在经典的美学史中，无论是康德、黑格尔，还是席勒、谢林、克罗齐，都遵循着这条现象学之路，因而，鲍姆嘉登可以通过对感觉的分析（感觉学）、康德可以通过判断力分析建构美学的知识体系并为审美立法。现象学还原的方法论保证了衡量知识合法性的标准只能是：合乎意识的本质自身。

从康德为现代西方美学学科视野的奠基来看，它首先建立在对人的心理划分为认知、实践和审美三大领域的前提下，将审美活动与认知活动、实践活动严格地区分开来；然后在审美领域内部展开对审美活动的一般性分析，从审美感知、审美经验、审美范畴，到思维方式，方法论基础，等等，全部是从审美活动自身来寻找依据，从审美活动内部来为审美活动立法，而绝非挪移到认知领域或者实践领域。这一切只有在审美视野内才为有效。

第二节 西方学科分类的逻辑背景

值得注意的是，康德对思想视野的划分方法绝不是偶然的，它背靠着西方诗学的严密的学科分类的逻辑背景。"这一背景的确立有两个至关重要的关节点：其一，是古希腊的分类学传统；其二，是近代的美学视野。"[①] 该逻辑背景从整体上关涉着现代西学众学科思想—知识域基本逻辑划分和美学视野的确立。下面主要从以下两个方面进行阐述：一是自古希腊以来的悠久的分类学传统，二是近代审美视野的形成。

从西方思想史上，古希腊一直到现代，分类学传统一直在延续着。历史地看，无论是西方文化发源地古希腊的柏拉图将人的灵魂三分为理智、激情和情欲，亚里士多德将人类精神活动划分为感觉、

① 吴兴明：《中国传统文论的知识谱系》，巴蜀书社 2001 年版，第 61 页。

欲望和理智，还是近代康德的三大批判——纯粹理性批判、实践理性批判和判断力批判及其追随者和反驳者，都在遵循着三分的结构。就内容而言，无论是作为最高级的价值——真、善、美，人类的三种心灵机能与生活方式——理论、行动与创造，人的心理（意识）活动——思想、意志与感情，知识类型——逻辑学、伦理学、美学，等等，都是基于三分法的分类学传统的延伸。

西方的分类学传统源自西方人的理性之思。波兰美学家塔塔尔凯维奇在他的名著《西方六大美学观念史》一书中做出了概括性的论述。他认为，分类学的初衷是“为了在他的内心掌握住复杂多变的现象，人们便将它们类分在一起，当他按照极其普遍的范畴，将它们纳入大类之时，他便在它们之中建立了广大的秩序和条理。在欧洲文化史中，自古典时期以来，这等分类便被人逐个完成，姑且无论它们是否符合现象的结构，或无论认为的一致性是否管用，反正这些关于现象之广大的分类，和它们那极为普遍的范畴，各自以其惊人的顽强，继续不断地存在了许多个世纪”①。可见，分类学传统是与西方的理性文化传统密不可分的。下面分三部分予以论述。

一　古典诗学的思想视野

西方学界有一句老话：太阳底下没有新鲜的事物。2000 多年来主导西方思想的几乎所有主要问题，都在古希腊的哲学家那里提出，尤其是以柏拉图和亚里士多德为代表，之后的西方哲学都只不过是

① ［波兰］瓦迪斯瓦夫·塔塔尔凯维奇：《西方六大美学观念史》，刘文潭译，上海译文出版社 2006 年版，第 2 页。

对这些问题的注脚。就西方的分类学传统而言，最早对人性基础做出区分的是柏拉图。柏拉图在《理想国》中将人的灵魂区分为理智、激情及欲望三类。第一类智慧属于灵魂的爱智部分，主要表现为发现真理的能力。第二类智慧属于灵魂的爱胜部分或激情部分，主要表现为创造与运用知识的能力。第三类智慧属于灵魂的欲望部分，主要表现为感官运用的能力和直觉能力，在正常的情况下负责人的生存与繁殖。在人的智慧类型中，理智是最为高贵的，因为它与永恒的理念最为接近。柏拉图将技艺（包括艺术）归入第二类中，将艺术的本质确认为“模仿”。但在柏拉图认为世界的真实唯有永恒的是理念，现实是对理念的模仿，艺术则是对现实的模仿，因而是模仿的模仿，与真实隔着两层。因为艺术（诗歌）离理念隔了三层，而且具有蛊惑人的心灵的影响，由此，柏拉图下令将诗人驱逐出理想国。

对西方分类传统最为完备而经典的表述者是亚里士多德。在古希腊思想史中，可以说亚里士多德对人性、活动类型和知识类型的系统的划分和表述最为完整和典型，而且，伴随着亚氏哲学的隐退，这种三分法还是保持着稳固的根基，逐渐成为西方的分类学传统。重要的是，亚里士多德不但奠定了西方的分类学传统，而且还在此分类背景下奠定了西方诗学得以展开的言述空间和逻辑思路。具体来讲，亚里士多德对诗学的逻辑定位可从分类学背景、诗学之本质的确认和诗学知识系统的分析性展开三个方面来看。

（一）分类学背景

首先来看诗学作为知识—活动的纵深的分类学背景。对此一背景，亚里士多德从三个方面去揭示和确认。

第一，人性基础——在《尼各马可伦理学》中，亚里士多德指出：人的活动的内在基础是心灵（Psukhe），而心灵由三部分组成：感觉（Aisthesis）、欲望（Orexis）和理智（Nous）。理智的功能是“思想”（Dianoia），它是心灵中最高贵的部分。

第二，活动类型——亚里士多德将由内而外的人类的活动分为三大类型：研究活动、行为活动与生产活动。其中，生产活动又分为两大类：非技艺性生产和技艺性生产。非技艺性生产是指凭习惯、本能和经验而进行的生产，技艺性生产则是人凭借理性知识、按人所理解的普遍性规律而进行的生产。艺术活动属于技艺性生产活动，因此它在基本性质上属于人的理性活动范围。

第三，知识类型——按亚里士多德的理解，知识是理性的事业，艺术活动之所以可以建立一门学科来研究之，正是因为它是属于理性的技艺性活动的范围。亚里士多德将“知识”分为三大类型：科学或系统研究的知识（episteme）、生产或制作的知识（tekhne）、实践或行为的知识（phronesis）。诗学属于生产或制作知识的范畴。“从经验所得许多要点使人产生对一类事物的普遍判断，而技艺就由此兴起。”① 这便是诗学知识的性质。从人性基础、活动类型到知识类型的归属，亚里士多德已非常严密地规定了诗学知识的分类学背景。由于如此，才可能按诗学在此类别背景中的逻辑位置并循其上下左右的逻辑关联来建构系统的诗学。

① ［古希腊］亚里士多德：《形而上学》，吴寿彭译，商务印书馆1996年版，第2页。

（二）对诗之本质的确认

就诗学知识系统内在的逻辑关联而言，如此之严密确认它的分类学背景，要害在于确认诗性活动的本质。事实上，要确认一对象的本质只有在一种严密的逻辑分类的背景中才是可能的。既然诗性活动属于技艺性生产，那么我们就要问技艺活动又是什么？亚里士多德说：技艺分两类，一类是补充自然的技艺，另一类是模仿自然的技艺。前者指生产自然中没有的东西，如器具的生产，后者指对自然中已有的东西的模仿，如绘画与诗。而作为技艺，诗的本质就是“模仿”（mimesis）。这样亚里士多德终于探讨了“诗的艺术本身”①。他在《诗学》开首的第二段即一言以蔽之：“史诗和悲剧、喜剧和酒神颂以及大部分双管箫乐和竖琴乐——这一切实际上是摹仿。”② 他把对艺术之模仿本质的断定及其差异的分析称为“首要的原理”。而所谓“诗的艺术本身”就是“指的艺术这个属，即诗的艺术的整体”，就是今天所说的诗之诗性，诗作为艺术的本性。

（三）诗学知识系统的分析性展开

确定诗的本质是展开整个《诗学》知识体系的逻辑前提。亚氏《诗学》的整个知识系统均是按诗的本质是模仿这一前提性断定而分析性、规范性演进的。

---

① ［古希腊］亚里斯多德、［古希腊］贺拉斯：《诗学》，罗念生、杨周翰译，人民文学出版社1962年版，第1页。

② ［古希腊］亚里斯多德、［古希腊］贺拉斯：《诗学》，罗念生、杨周翰译，人民文学出版社1962年版，第1页。

> 关于诗的艺术本身，它的种类、各种类的特殊功能，各种类的特殊功能，各种类有多少成分，这些成分是什么性质，诗要写得好，情节应如何安排，以及这门研究所有的其他问题，我们都要讨论，现在就依自然的顺序……先从首要的原理开始。①

这是谈《诗学》这本书将要讨论哪些内容。那么，这些内容取何种角度、怎样展开呢？亚氏接着说：

> 史诗和悲剧、喜剧和酒神颂以及大部分双管箫乐和竖琴乐——这一切实际上是摹仿，只是有三点差异，即摹仿所用的媒介不同，所取的对象不同，所采用的方式不同。②

这便是亚氏诗学理论的逻辑程序：先断定艺术的共同本质，然后从媒介、对象、方式三个方面分析性展开。亚里士多德由此建构起他对艺术及其门类的同一性和差异性分析的理论空间，并环环相扣形成系统的诗学理论。一如罗念生在《诗学·译后记》中概括地总结："在《诗学》中，他先确定研究的对象是诗，指出诗和其他艺术的异同，然后把诗分类，分析各种诗的成分和各成分的性质，逐步找规律，探索各种诗的创作原则。"③ 在亚里士多德这里，对于诗学的思想视野、基本原理的反思性论证、理论的逻辑展开都已经

① ［古希腊］亚里斯多德、［古希腊］贺拉斯：《诗学》，罗念生、杨周翰译，人民文学出版社1962年版，第3页。

② ［古希腊］亚里斯多德、［古希腊］贺拉斯：《诗学》，罗念生、杨周翰译，人民文学出版社1962年版，第1页。

③ ［古希腊］亚里斯多德、［古希腊］贺拉斯：《诗学》，罗念生、杨周翰译，人民文学出版社1962年版，第110页。

成熟、清晰，为西方知识的有效累积和理论的循序渐进打下了良好的基础。

二　近代审美视野的形成

从西方美学发展史可以看出，在18世纪西方美学经历了重要的视野变更——审美视野的确立。“事实上，近代美学视野中的诗学对亚里士多德诗学体系的逻辑建构只有很微小的改变：对艺术的分类学背景从‘技艺’改变为审美，对艺术本质的确认从‘摹仿’的分析改变为审美经验的分析。但是在严密的分类学背景中，此一改变已非同小可，因为它涉及对艺术本质及其分类学根据（人性基础）的重新确定。”①

与古希腊传统对于诗学视野的确立程序一致，近代审美视野的确立同样有三个重要环节：一是对人性基础的重新认定，二是对审美本质的重新确认，三是对艺术归属的理论定位。

（一）对人性基础的重新确认

对人性基础的重新确认，源自古典主义诗学的人性论危机。“古典主义诗学的入思基础乃是希腊哲学所提供的理性与感性之二元对立的心性假定。”② 柏拉图在《理想国》中按照理性与感性的二元对立的心性，对诱使人沉睡时非理性泛滥的诗歌进行了驱逐。亚里士多德首次对柏拉图的非理性诗学定位进行辩护和修订，将诗纳入

① 吴兴明：《中国传统文论的知识谱系》，巴蜀书社2001年版，第64页。
② 余虹：《中国文论与西方诗学》，上海三联书店1999年版，第73页。

"模仿技艺"的理性活动当中，进而将诗的本质确认为"模仿"。但是，亚里士多德的辩护仅限于将诗的本质从非理性纳入理性活动行列，它依然是在柏拉图所设定的理性与感性的对立前提中进行。甚至中世纪的布瓦洛《诗艺》，也依然延续了理性与感性对立的心性结构。古典主义诗学的最初危机来自人们对新的心性机能的发现，这一机能即"想象"，以及其后所谓的"鉴赏力"和"天才"。

首先，反映在鲍姆嘉登对感性认识的推崇上。他首先区分了模糊的认识和明晰的认识，认为前者源于感官，后者源于理智。而且认为艺术的感觉既非模糊的认识，也非明晰的认识，它既与感官有关，又与理智有关，它是介于两者之间。"美学之父"鲍姆嘉登首次据大陆理性学派关于知、情、意的划分，提出应创立"感觉学"。要建立一门学科"Aesthetic"，来理性地寻求"感性认识本身的完善"①。

其次，意大利人维科在1725年出版的《新科学》一书中，提出建立关于人类"诗性智慧"的"新科学"。他重新划分了人的智慧类型，并史无前例地赋予"诗性智慧"以人类的几乎所有的创造性活动的基础地位。② 这又一次打破了理性与感性的对立。

最后，使古典主义人类学基础瓦解的是康德美学。1790年康德出版《判断力批判》，在与规定判断力和道德判断力的对比分析中，为反思判断力（鉴赏判断）确定了内在的逻辑根据。《判断力批判》的意义还体现在它与《纯粹理性批判》《实践理性批判》对照中。由此，《判断力批判》在与理性、实践并列的先验原则观照下，确立

① ［德］鲍姆嘉登：《美学》，简明、陈旭晓译，文化艺术出版社1987年版，第18页。
② ［意］维科：《新科学》，朱光潜译，人民文学出版社1987年版。

了理性、实践之外、独立而崭新的审美视野。

实际上，为审美确定人性基础、为美学寻找知识论根据贯穿从康德、席勒到黑格尔、谢林的整个德国古典哲学。从古希腊开始出现知、情、意的三分，到美学之父鲍姆嘉登提议创建的“美学”、康德三大批判的分野、克罗齐的直觉艺术论、叔本华的生命意志等，这些都不是对于审美体验的细节描述，而是对人的思想视野类型划分的考察。

（二）对审美本质的重新确认

对审美经验本质的确认，核心是对“审美无利害性”（aesthetic disinterestedness）观念的认同。“审美无功利性”不仅是对古典主义诗学的“模仿”本质的一次反拨，也是确立现代美学理论的关键所在。

首先，审美无功利说的起源。有的认为审美无利害性的本质起源于英国经验主义，有的认为起源于德国的理性主义，无论是起源于哪里，它被普遍认为发生于18世纪，此后成为西方美学界的理论传统。

其次，对“审美无利害性”的经典分析者和表述者是康德。《判断力批判》对鉴赏判断的第一个分析总结是：“鉴赏是通过不带任何利害的愉悦或不悦而对一个对象或一个表象方式作评判的功能。”[①] 此结论实际上已成为确认审美经验内在本质的“铁律”。

最后，对此观念的表述在康德、叔本华、克罗齐、柏格森那里

① ［德］康德：《判断力批评》，邓晓芒译，人民出版社2002年版，第45页。

都有精深的论述。

总之，对“审美无利害性”的认同导致了对审美经验本质的普遍确认，并强化了审美之域与实践、认识领域的区分。

（三）艺术归属的理论定位

在这里，对艺术归属的理论认定核心体现在“美的艺术”观念的提出。所谓“归属”，指的“是在广义的分类学意义上将艺术归结为何种对象、将艺术活动归结为何种类型和性质的活动”[①]。也就是说，艺术应该归属于人类基本的思想视野中的哪一领域，或进而是哪一领域的哪一类型活动，最终决定艺术活动那个自身的性质、类型和对象。只有将艺术做好清晰的归属定位，“一旦澄清了艺术与非艺术之间尚存疑问的区别，理论上与实践上的各种错误就会消失了”[②]。

与古希腊的技艺学视野和中世纪的技艺学视野不同，近现代艺术在审美的视野中出现。这一转变的完成是一个漫长的过程。在古希腊一直到中世纪，艺术家与一般的匠人并无实质性的区别，他们都是出于实用的目的而对现实的模仿。到了文艺复兴时期，人们只是朦胧地意识到诗、音乐、绘画与雕塑等是一种生产美的技艺，它不同于实用性工艺，逐渐将画家、雕塑家与一般匠人区分开来。1747年，法国学者查理斯·巴托在其论著《论美的艺术的界限与共性原理》里首次用“美的艺术”这一概念。“美的”是模仿活动之

---

① 吴兴明：《中国传统文论的知识谱系》，巴蜀书社2001年版，第66页。

② ［英］乔治·科林伍德：《艺术原理》，王至元、陈华中译，中国社会科学院出版社1985年版，第2页。

为艺术和非艺术的区分界限。而“摹仿的目的是快感、感动、感到一种柔情，简言之，就是娱乐”①。用今天的话来说，艺术的目的是审美而非功利的愉悦。依此原理，巴托将艺术划分为五大类型——绘画、雕塑、音乐、诗歌、舞蹈，由此标划了现代“艺术”概念的领域归属。

“美的艺术”与西方传统艺术观的根本差别在于：它明确地被纳入审美的视野。也就是说，对审美经验、艺术的规律、艺术活动的分析就从审美视野中寻找依据，而不再从技艺性活动中寻找，艺术的本质不再是基于理性的“模仿”。从此，艺术活动和非艺术活动的区别就是审美和非审美的差别。“美的艺术”在西方世界的深入人心可以看作审美视野中的艺术理论在现代西学中的最后完成。

从近代审美视野的形成来看，只有在审美视野中，审美自律论才是成立的。因为审美活动要求的“自律”，即自我确证的要求，正是要求从审美活动自身内部进行自我证明，只有从审美视野中，其研究对象才是关于“感性认识的完满”，其本质才是审美无利害性，审美感知才是区别于认知和实践的，因而，也才是审美自身的、自律的。

另外，值得注意的是，审美视野的形成，使得审美活动不再从属于具体的技艺活动类型，而是直接隶属人的活动。由此，为审美活动提供了更为纵深的视野，为审美活动和美学理论的更新提供了更为纵深的人类学基础，为审美主义进程和“主义”频繁更迭打开了方便之门。

---

①　转引自克罗齐《作为表现的科学和一般语言学的美学的历史》，王天清译，中国社会科学出版社 1984 年版，第 100—101 页。

三　现代西学的谱系构型

经过上面从古希腊到近现代思想视野的变迁的考察，西学不但有着稳定的分类学传统，而且在知识谱系的构形的样式上也是极为一致的。尤其是现代西方诗学，虽然“主义”更迭，但遵循着极为相似的建构路径。整体而言，正是这种规范的知识构形和反思性路径的存在，从而“现代西方诗学的谱系结构因经过高度自觉的累进性反思和长时间的历史积累而显得相当严整”[①]。下面就从谱系构型的原则和反思性特征两个角度对西学的知识谱系进行简要分析。

（一）知识构型的三部曲

“背景—本质—展开”三部曲是亚里士多德诗学和康德美学知识构型的三大步骤。即从哲学基础出发确定分类学背景，从分类中确立审美活动的本质，然后依据审美本质的断定依次逻辑地展开相关理论的建构。在亚里士多德的诗学中，先为诗学明确其分类学背景：作为人的技艺活动中模仿性的一种，由此背景进而断定诗的本质是“模仿”，然后根据对诗的本质“模仿”进行断定的基础上，通过媒介、对象、方式的区分展开有关诗学自身内部的分析。康德的“判断力”分析，也延续了这一步骤。康德首先将人的意识领域分为认知、实践和审美三大领域，区分了审美活动与认知活动和实践活动，进而将审美的本质确认为“无目的性的合目的性”的无功利性，然

① 曹顺庆、吴兴明：《中国传统诗学的“异质性”概说》，《三峡大学学报》（人文社会科学版）2001 年第 3 期。

后根据“审美无功利性”的本质，推演美学理论的方方面面。对于这种由背景到本质再展开的知识构型，不单单存在亚里士多德和康德的理论中，它存在西方所有表现为理论形态的知识系统中，凡是理论形态的知识系统，其知识构型大体不超出这三个步骤。对此，朱光潜在1937年为《文艺心理学》作的序中，也约略地提到：“美学是从哲学分支出来的，以往的美学家大半心中先存有一种哲学系统，以它为根据，演绎出一些美学原理来。”① 显然，这种知识构型的路径是一种哲学上的逻辑演绎，“其真正内在的思想力量来自决定其展开根据的‘逻各斯’（Logos），而‘逻各斯’在此最基本的思想逻辑形式是：演绎推理”②。作为西方的理性思想的根据“逻各斯”，表现在知识谱系的构型中便是由背景—本质—展开的逻辑演绎。这种演绎推理通过真值判断而确保了知识的精确性、正确性。现代西方美学经过这种长期的累积，形成了十分完整的知识谱系。

（二）反思性特征

从西方诗学发展史来看，西学知识谱系具有明显的反思学科根据的特征。由上述从分类学背景而获得的知识构型法则，可推知现代诗学知识增长的基本原则便是分析性论证，即在严密的西方分类学传统中，只有通过不断的分析性论证，才能将诗学的背景、本质、范畴等与其他类域的范畴区别开来而得到确认。这种分析性论证的

---

① 朱光潜：《文艺心理学·作者自白》，《朱光潜全集》（第1卷），安徽教育出版社1997年版，第197页。

② 吴兴明：《中国传统文论的知识谱系》，巴蜀书社2001年版，第70页。

特征导致了这样一种发展传统：要寻求理论观点的创新，就必须回到诗学的本质之处，对其学科根据进行重新确认，只有从本质根据进行反思，才能撼动整个理论的整体体系，这样才能突破原有知识结构的框架。所以，在西方思想史上，凡是体系有所创新的理论家，他们论述的内容往往不是将重点放在细部的描述和体会上，而是对艺术本质的根据的重新确认。话说回来，西方审美视野下的现代美学理论之所以产生繁多的“主义”理论和“主义”更迭，与此知识构型和反思性特征密不可分。

而在中国美学理论领域，是缺乏这种严谨、累进的知识谱系的。虽然说，在李泽厚那里，实践美学的建构及其之后的实践美学的发展，也是从“实践”根处开刀，对实践美学进行拓展，包括后实践美学的超越也是基于“实践本体论”的替换，整体上的知识建构也是按照这样一条原则而来，但“实践”概念本身一开始就是不清楚的，各说各话的；美学研究的层次针对性（包括哲学美学、审美心理学、艺术社会学等）也是缺失的，等等。显然，缺乏纵深的思想根基和始终没有形成能够进入公众视野、接受检验的有效的知识范式，中国的美学知识并未得到有效的累积和推进。这不但导致美学理论论辩的混乱无度，也导致了中国现代美学学科视野的持续性扭曲。这也是80年代的中国美学繁华“一去不复返”的根本原因。在知识谱系尚未成形、学科视野尚未清理的情况下，就迅速地站在后现代立场上，摆出批判的姿态指点江山，显然，这种趋势在理论上和学术姿态上都是值得商榷、反思的。

总之，与现代美学发端时原生态的审美视域对比发现，李泽厚实践美学表现为审美自律性/自主性的遮蔽和退场，以及根本上的审美视野扭曲。置放在实践认知领域的实践美学，视野已俨然遭遇从审美视野到认知视野的挪移。具体而言，从感性的、直观的、非功利的“审美”转移到理性的、超感性、功利的“实践”，从对愉悦或不愉悦的情感判断转移到了主体对客体的合规律性的实践，从对主观形式的想象力判断转移到对客观事物本身的知性检验，严格界定在感性体验领域的论争转移到了仅把感性体验作为出发点的社会学还原路线，从知、情、意三大领域的思想分野中进行对比论证到将认知、审美、实践都纳入实践认知领域的减缩，等等，实践美学的审美视域已经从根源上偏离了审美自身的领地，即从审美自律得以实现的领地向认知领域挪移，将“情”错置于“知”的领地。由此，造成了中国大半个世纪以来美学视野的持续性扭曲。

如果回到康德会发现，我国当下的认识论、实践论美学与西学美学毫无关系，与现代西学的基本学理构架、学科范式、研究方法毫无关系。因为，在现代西学中关于各个思想领域（知、情、意）的视野划分很清楚，就研究对象而言，在认知领域，认识论——逻辑学；在道德领域，实践论——人的行为的意义、道德性；在审美领域，则研究感性认识的完满——美学。在现代西学中，美学作为一门学科，它研究感受的合法性，从审美活动本身为审美立法，从审美活动本身的内部约束、内部规则、内部约定去为审美立法。而李泽厚的实践美学则从实践角度去研究，它就从根本上将西方康德美学的视野完全抽掉了，进而偏离了康德定下的学科规则，因而，中国实践论美学不是学科意义上的严密表述，而成为一种非学科话语的表征。

第三节 美学的扩张

从18世纪中期以来到20世纪初，美学在西方思想领域上的基本走向就是向终极价值理念的扩张。因为审美活动的无功利性特征，这种现实之外的超离之感，往往成为思想家们打量现实的价值参照，寄托理想的圣地。尤其是在工具理性的缺陷充分暴露的现代性进程中，审美活动常常成为拯救现代性分裂危机的“良药”。据卡林内斯库所言，现代性伊始就伴随着两种现代性：启蒙现代性和审美现代性。且不论该论断是否准确无误，它至少说明审美现代性在现代性中有着不可或缺的分量，以及审美现代性往往被用来抗衡启蒙理性的功用。在现代思想历程中，审美常常超出了自身的范围，而承担起一定的社会批判功能。“当某种思想话语进入社会化推论和诉求时，或当某种由个体提出的思想论述要求社会法权时，思想论述方转换为‘主义’话语。”① 那么，对于审美主义话语而言，就是美学“将对审美经验的一般分析（康德、席勒、黑格尔、克罗齐，等等）上升为对社会整体的价值诉求（批判理论，critical theory），并以此为根据，内在地承担了诸种社会理论的价值陈述，由此，美学进入了社会理论，变成了政治社会论中的‘审美主义’（aestheticism）”②。

---

① 刘小枫：《现代性社会理论绪论》，上海三联书店1998年版，第198页。

② 吴兴明：《美学的扩张：作为社会理论的审美主义》，《三峡大学学报》（人文社会科学版）2006年第5期。

一　审美活动的无功利性特征

从上述现代美学的思想视野的基本构成分析可知，审美活动与认知活动、实践活动共同构成了现代思想视野中的三大活动类型。在工具理性膨胀的资本主义异化社会，思想家们一致认定审美活动是克服工具理性的最佳选择，并以此形成了社会合理化物质文明之外的另一条精神建构历史。美学的扩张，与审美视野自身的独特性以及西方现代性自身的发展密不可分。

康德在《判断力批判》中在与认知活动、实践活动的对比区分中，分析了审美活动的四个特性：首先，审美与实体无关，它仅涉及对象的表象；其次，它是直观的，不是逻辑的；它借助的只是想象力，而不是知性力和理性；再次，它不借助任何概念而具有普遍必然性，这种普遍必然性只能是主观形式的普遍必然性，而非一般逻辑上的借助概念的普遍性；最后，它所产生的愉悦是纯粹情感的愉悦，不是感官的快适，不是道德的善，因而，总的来说，审美活动是一种不带任何利害性的直观性活动。正因为审美活动自身的非理性、审美体验的空灵性，拉开了它与现实的距离，使得社会批判成为可能。可以说，“美学因为学科自身独特的学科对象和学科范式，使它有条件成为反思现代性本身的一种力量和话语”①。下面分两部分论述。

第一，审美具有非现实性。就上述一般的分析而言，审美活动总体上表现为无功利性，具体而言，它作为认知和实践两个领域的

---

① 尤西林：《人文科学导论》，高等教育出版社2001年版，第4页。

桥梁中介，具有感性的普遍性、和谐性、无目的性的合目的性，连接认知（必然）和实践（自由）。这使得它与在工具理性下显现的算计、分裂等特征形成鲜明的对照，可以说它的每一个特征都针对工具理性而来，由此美学作为一种正面的价值被抬升出来，在与工具理性的区分、对垒中显现自身的正面价值，成为异化社会现实之外的“精神飞地”。康德之后，席勒、谢林、黑格尔、马尔库塞、阿多诺等人对它都有反复言说。由此，从分类区分中而来的审美视野，不但作为由上而下区分了美学的学科边界，更为重要的是，由审美体验而来的描述进行了价值转换。也就是说，在经过有关审美的一系列描述、分析、推理之后，美作为与压抑、分裂、算计等工具理性对抗的而凸显的自由、和谐、诗意等正面价值，成为现代精神的价值担当。美和审美经验的分析经由此“判断合法化”的形式变成了审美至上的价值陈述。

第二，原始的情感沉醉。审美常被看作空灵的、超越的、非功利的，其实，在审美无功利性的深层次，有着“一种形而上的假设：审美的投入是一种无理性背景的投入，因而审美被设定为一种感性情感在原始状态下的发生”①。在这里审美活动被投入源始之域，排除了理性因素，散发着自然状态里的生命力，一种回溯到源始之域的混沌之态，它强烈地吸引着人沉醉其中。柏拉图的“迷狂”、叔本华的生命力沉醉、尼采的“酒神精神”，都是对此的语言表述。对于这种审美活动至今尚无科学的描述，加剧了它的审美色彩。审美的这种不可抗拒的魅力特性反面地指向了人性中的压抑、扭曲、单面、

① 吴兴明：《美学批判：一条需要置疑的思想之路》，《江汉论坛》2002 年第 5 期。

算计等。这从另一个非自觉的角度促进审美成为现代人的精神担当。“美学家们将这种状态描述为开启一切的源始之域，描述为身心内外、人我天人的和谐。这种源始之域被审美保留在现实中，因而它也是历史中的人能一代一代返本归根、克服现代性危机和技术统治的唯一的希望之所在。”① 由此，作为世俗的天国，审美之域完成了对于宗教的替代。

二　审美现代性的精神建制

将审美上升为审美主义，进而承担起社会批判的功能，是西方思想家、美学家努力建构的一段现代性精神历程。它几乎席卷了所有的美学家、哲学家，如果说审美主义的种子在康德断定美的本质是审美无功利性的意识哲学基础上汲取营养并顺利绽放的话，那么，就算以劳动实践为原则的马克思的实践哲学那里，也没有撇开对审美主义的培植嫌疑。美学是随着现代性的分化而来的，在这种分化中，还分化出了认知—逻辑学和实践—伦理学，因而，三者从一开始就是相互区分而又相互依存的。随着社会的发展，工具理性主义膨胀，相应地挤压了另外两个认知领域，尤其导致了伦理道德领域的异化。这使得美学在这一段精神建制的现代性历程中，在主题和功能上有一个从建制到批判转变的趋向。当然，也可以说这两个主题本来就是相互缠绕在一起的，只不过不同时段侧重有所不同。下面分两部分予以论述。

第一，正面的精神价值建构。随着社会世俗化的推进，文化价

① 吴兴明：《美学批判：一条需要置疑的思想之路》，《江汉论坛》2002 年第 5 期。

值领域分化出逻辑学、伦理学和美学。其中，美学作为一门基本的现代学科，随着现代性世俗化的推进开始了建构自身的历史。“这是一个美学在上升时期的巨大的知识——精神之现代性建制的历史过程。”① 最早从18世纪初维科提出区别于一般智慧的“诗性智慧”论，18世纪中期鲍姆嘉登提出“感觉学”，18世纪末康德提出“判断力”，19世纪初席勒提出的审美自由与游戏王国，19世纪上叶黑格尔提出“美是理念的感性显现”，叔本华的作为生命意志的表象、尼采的酒神精神、克罗齐的意识直觉说、柏格森的意志绵延说，甚至到了20世纪初中国“美学第一人”王国维提出“古雅”，20世纪初蔡元培提出“美育代宗教”等，都参与并推动了这一精神建构的历史进程。而在这一历史进程当中，无论这些思想家的观点有多大的不同，他们在这一点上却是惊人的一致：将审美体验的一般性分析上升为对于人、对于生命、对价值本体的论断和信念。

第二，批判性的精神价值建构。如果说18—19世纪对于美学的系列阐述主要出于对自由的向往和赞美的话，那么，20世纪以来的有关审美主义则更多地承担一种批判价值的否定功能。这一否定取向在许多思想家那里可以得到贯穿和印证，而且在他们眼中只有审美之维才使批判资本主义成为可能而且有效，只有在审美与艺术中才存在的审美乌托邦才是现实的拯救之道。这一趋向明显地表现在一系列的“审美救世说”中。“审美救世说”显著地体现在西方马克思主义的社会批判理论中，在马克思这里，审美主义隐蔽地表现为以手工劳动这种生产美学展开对资本主义社会劳动异化的批判。

① 吴兴明：《美学批判：一条需要置疑的思想之路》，《江汉论坛》2002年第5期。

霍克海默和阿多诺的工具理性批判认为，艺术是一种“模仿”，通过对回忆的“模仿”来激活人内心原初的理性，来抗衡工具理性；在阿多诺看来，“艺术的社会性主要因为它站在社会的对立面”①，只有艺术才是克服工具理性危机的最终途径；马尔库塞面对由于技术理性而出现的“单面人”，提倡艺术应作为对资本主义技术理性膨胀为社会总体性的“大拒绝”“不溶解的核”，艺术规律则是“否定既定现实原则的规律”②；在本雅明的救赎论中，艺术利用自身的“震惊”“陌生化”效果来打破社会的僵化。这些思想家们一致地直接或间接地从审美之维来展开对于工具理性的批判，将审美作为打破僵化劳动、复归人性的唯一稻草。正如哈贝马斯精确地概括：“对黑格尔和马克思来说，甚至对直到卢卡奇和马尔库塞的整个黑格尔派马克思主义传统来说，审美乌托邦一直都是探讨的关键。”③在社会批判理论中，审美乌托邦是作为诸思想家批判、反省、解构资本主义现实的价值依托，它是一种否定性价值功能。在这种否定性的价值审判中，资本主义异化社会中的“人”获得多种称号——“异化”“物化”“单面人”“技术人”等。

三　审美主义——总体性批判

作为一门学科，美学有自身的学科立场，即以审美价值为本体，这是不容争议的。问题是，一旦将美学的价值和立场在社会全方位

① ［德］西奥多·阿多诺：《美学理论》，王柯平译，四川人民出版社1998年版，第386页。

② ［德］赫伯特·马尔库塞：《现代美学析疑》，绿原译，北京文化出版社1987年版，第46页。

③ ［德］于尔根·哈贝马斯：《现代性的哲学话语》，曹卫东等译，译林出版社2004年版，第56页。

展开，即推向基础化和本体化，那么美学作为一种本体论的最高价值，将会归并人类其他的价值。同时，这种向其他领域的扩张行为本身，将会导致学科界限的模糊和混乱，扩张的美学将不再是一种知识性话语。由此引发以下两个问题。

第一，审美经验的一般分析又是如何上升为审美主义的批判性话语的呢？审美如何担当“批判理论”之“批判”的价值依据呢？这仍要回到美学学科的诞生及美学学科本身的价值立场上去。随着人义论的转向，原来作为人类最高价值担当的宗教图景也随之坍塌，那么，在社会各领域不断分化的现代性社会，整合人们情感的一体化力量从哪里发掘呢，即用什么来代替一体化的宗教性情感呢？是审美，只有审美能够提供终极的价值情感整合。无论是审美对“人”的自由价值的寄托，还是对于异化社会的反向否定，都可以说明，前仆后继的思想家、美学家们把审美作为重新整合人类分裂的价值情感的乌托邦。为什么是审美呢？首先，审美的审美价值与工具理性下的理性价值观截然相对，它属于理性之外的感性价值观，因而，它具有打破理性统治的潜能。其次，美学作为一门现代的学科，它是经过严密的逻辑论证和推理的，因而它是科学的，这一点使它在体系上与理性主义一致。感性的价值观和科学的现代学科的双重性，使美学能够携带着感性的破坏因子登堂入室从理性内部打开一个批判的缺口。

第二，对审美主义的反思。美学扩张进入社会的整个领域、承担起社会批判功能，这种批判是怎样一种性质的批判呢？从上面的分析，可知美学是被作为一种宗教般的最高价值理想，归并了所有领域的价值整体，显然，审美主义是一种总体性的批判。审美主义作为一种理想化的价值批判，以最高端的价值作为标准对其他一切俯瞰式的批判，这种批判是无往而不利的。在这种批判模式下，一切理性最终都将被瓦解、摧毁。就像韦尔施在《重构美学》中所概括的："在不宜居住的条件下，唯有审美能够重新使得体面的生活成为可能。现代的审美就这样成为一种潜在的普遍类型，它的语言可以说明一切，根据它的语法模式，任何东西都可以分分合合。"① 韦尔施显然认识到，审美主义，从最初的感性经验区别到经过几百年后的审美主义，它已然不是一般的或局部的批判理论，而俨然变成了一种全面的、上升为总体性的批判，重要的是，在这种总体性的批判"语法"下，任何东西都会被彻底摧毁。

如果将审美主义的批判功能全面贯彻到底，一切的社会体制、知识体系都即将随之瓦解，试问，人的自由、权利又将如何得到保障？没有了社会体制，人类又将如何对待群己之关系？这种摧毁一切理性的总体性批判，无疑是克服现代性危机的一条极端的批判路线，审美主义它最终并不能带给人类应有的光明，而是整个陷入一种非理性的迷狂。显然，在现代体制尚属薄弱的中国，审美主义的登陆和运用虽不能说是不合时宜，至少是应该有自觉限制的。

---

① ［德］沃尔夫冈·韦尔施：《重构美学》，陆扬、张岩冰译，上海译文出版社 2006 年版，第 42 页。

第三章　中国现代美学学科视野建构的基本历史

在中国近现代思想史上，一直存在着两种现代性，革命现代性和审美现代性。[①] 20 世纪前后美学作为一个学科从西方引进中国，在哲学思辨和经世致用的双重接受融合中向前发展。随着救国存亡的呼声高涨，美学撇开了玄理思辨而与意识形态合流。具体而言，“美学”一词于 19 世纪末由日本传入中国[②]，在甲午以后至 20 世纪初流行开来。最初的美学思想家以王国维为代表。之后民国期间，蔡元培任临时政府教育部总长，将美育提升为大学教育主要科目之一，并迅速在全国推广开来。随后 30 年代前后涌现了一大批美学家，诸如鲁迅、朱光潜、宗白华、张竞生、邓以蜇等。美学在中国的落根、传承，可谓 19 世纪末 20 世纪初西学东渐之果，它在发端之处依据欧洲的思想视野和学科范式建构而成，后因民族危亡和民

① 参见余虹《革命·审美·解构》，广西师范大学出版社 2001 年版。（李泽厚）撰写《中国现代思想史论》也遵循类似的思路（“启蒙救亡的双重变奏”）。

② 参见黄兴涛《“美学”一词及西方美学在中国的最早传播》，《文史知识》2000 年第 1 期。

族解放等独特的历史经验，马列主义思想成为中华民族的最高指导思想，中国现代美学学科建构的思想视野和理论范式也跟着向马列主义认识论迅速靠拢。

中国美学学科开创之初，以王国维、蔡元培、朱光潜（前期）、宗白华等为代表的中国美学先驱，一方面大力引介西方现代美学理论，为中国输入现代理论资源，另一方面自觉运用这些西方理论成果来阐释、反观中国文化。在他们不懈的努力和倡导下，使“美学”在中国扎根生芽，初步奠定了中国现代美学的“理论范式”和“言说方式”。而且，根据蔡元培留学德国、朱光潜留学意大利、邓以蛰留学日本等先哲们普遍留学的经历来看，20 世纪二三十年代这一时期的美学，始终与国际美学前沿保持着紧密的联系。总的来看，在初创期中国现代美学主要受到德国美学（尤其是康德、叔本华美学）的理论影响，包括知、情、意三分的思想视野、审美无功利性的本质、美学范畴以及方法论，都与之保持着高度的一致。

自三四十年代起，中国现代美学的学科视野发生了挪移。如果说在中国现代美学初创期是严格按照西方现代美学的思想视野和知识谱系建构而成，那么，这一视野在 40 年代前后美学界的学科探索中发生逆转。这一逆转的标志是，1942 年蔡仪在《新美学》中，将马列主义的反映论运用到美学领域，运用认识论的术语、构架和逻辑系统展开有关美学的基本问题的阐释，将学科视野从自律性的审美视野挪移到了认知视野。随着中国革命的发展，马克思主义的认识论在思想领域取得主导地位，其主体作用于客体的认知关系模式在美学范式上依次表现为反映论美学和实践论美学，一直延续到 90 年代的新实践美学，甚至渗透在旨在超越的后实践美学当中。

因而，回到中国现代美学的发端处，考察初创期美学的思想视野，不仅出于勾勒百年中国现代美学学科视野的整体风貌的需要，而且为更好地给认知视野中反映论美学、实践论美学的学科视野进行定位提供了合理的参照。本章的主要内容就是梳理20世纪上半叶中国现代美学审美视野建构的历史，它包括三个阶段：一、美学初创期，以王国维、蔡元培为代表；二、20世纪30年代的发展期，以朱光潜（早期）、宗白华为代表；三、20世纪40年代美学转型期，以蔡仪为代表。

第一节　初创时期美学学科视野的奠基

中国传统文化中有极为丰富的美学思想，但“美学作为一门独立的学科是近百年的事”。中国现代意义上的美学学科在“五四”前后登场，是中国学术体系现代转型的结果。首先，西方美学的译介和理论传播。日本学者将西方Aesthetics译为“美学”，随后传入中国并被广泛接受，在王国维、蔡元培等学人的不懈传播下，美学概念深入人心；当时几乎所有的文科刊物都发表过美学论文、译稿，如《新青年》《新中国》《民铎》《学艺》《学林》等，作者有数十人，发表的美学论文达百余篇。[①] 其次，“美学”进入中国教育体制。1904年张之洞在《奏定大学堂章程》中首次在“建筑专业”下

① 胡经之编：《中国现代美学丛编（1919—1949）·前言》，北京大学出版社1987年版，第1页。

设“美学课”，1906 年王国维在《奏定经学科文学科大学章程书后》将“美学”开设到更多的学科中，随后美术学校、综合性大学也先后将“美学”作为一门基础学科纳入教育体系。再次，出现多部体系性美学著作。吕澂《美学概论》（1923）、范寿康《美学概论》（1927）、陈望道《美学概论》（1927），这三本《美学概论》都是为了适应美学教学的教材。最后，学术团体和专业期刊的创立。1911 年成立中国第一所美术专科学校中西图画函授学堂，1919 年成立中国第一个美学学术团体“中华美育会”，1920 年中国第一本美育学术刊物《美育》杂志创刊。从美学思想的普遍接受，到高等院校美学课程设置、学术团体、专业期刊等学科体制的创建，标志美学学科在中国的初步建成。

就理论建设而言，初创期的中国现代美学主要是从两个方面展开：一是对西方美学思想的介绍和引进；二是对西方理论观念的阐发、创造，以及在中国文艺领域的实践运用。无论是就时间而言，还是就美学理论体系的自觉创建而论，王国维、蔡元培、鲁迅（早期）等堪称这一时期美学思想的代表，尤其是王国维、蔡元培“他们二人可谓中国现代美学的开山祖”。[①] 下面就以这三个为代表，通过考察其理论的逻辑建构，来分析美学学科初创之时的思想视野。

一　王国维：“美学第一人”

王国维（1877—1927），“不仅在中国最先引入了‘美学’这一词汇和概念，最早介绍了西方美学思想，而且在此基础上提出了自

① 陈望衡：《20 世纪中国美学本体论问题》，武汉大学出版社 2007 年版，第 4 页。

己有关美学的初步见解，还以西方美学知识为手段创造性地评价中国文艺作品，树立了典范，因而公认他为中国近代美学的最早的开拓者”①。虽然王国维仅有的美学研究不占其学术思想的重要地位，但其有关美学知识体系的自觉建构，在美学观念上的创新和文艺批评的运用，堪为后世楷模，是中国“现代美学理论构建的创始者”②。

在时间上，王国维是中国现代美学史上较早地系统介绍西方美学思想的先驱之一，也是运用西方美学知识进行文学批判和美学观念创新的先驱；从学科意义上来讲，王国维自觉地依照西方现代美学来建构自己的美学体系，具有典型的现代美学的特征。“王国维的美学思想是中国美学理论从自发状态走向自觉的标志，从此中国人开始自觉地建设美学学科的独立体系。”③ 王国维受西方思想家康德、叔本华、席勒等人的深刻影响，在1904—1906年写的《叔本华之哲学及教育学说》《红楼梦评论》《古雅之在美学上之位置》《文学小言》等文，对西方美学思想做了可贵性的传播和创新，并成功地将西方的哲学、美学思想运用于中国传统学术研究中。根本的是，在其理论体系中体现出来的思想视野和知识谱系的建构方式，初步确立了中国现代美学的学科视野和理论范式。下面分三部分予以论述。

（一）王国维美学的思想视野

王国维对美学的重视，首先源自对哲学地位的提升和重新定位，

---

① 聂振斌：《中国近代美学思想史》，中国社会科学出版社1991年版，第55页。

② 聂振斌：《王国维卷·序》，中国社会科学出版社1991年版，第74页。

③ 聂振斌：《中国近代美学思想史》，中国社会科学出版社1991年版，第56页。

将“无用之用”的哲学提升为各学科之本，在《〈奏定经学科大学文学科大学章程〉书后》中将哲学列为诸学科之首。王国维明确将人的精神划分为知、情、意三大领域，并对各种活动（尤其是审美活动）进行了严格的区分和界定。王国维的美学思想视野下面分三部分予以论述。

1.“完全之人物”人性论基础

王国维在普遍人性论的基础上，对人的精神领域进行了区分。他认为，“人之能力分为内外二者：一曰身体之能力，一曰精神之能力”。其中，“精神之中又分为三部：知力、感情及意志是也。对此三者而有真善美之理想：真者知力之理想，美者感情之理想，善者意志之理想也”①。王国维一开始就按照西方的分类学传统将人类精神领域划分为三大领域——知、情、意，对应着三种基本的价值观——真、善、美。对于这一基本划分，王国维在多篇散论文章中均有明确表述，如在《哲学辩惑》中所言“今夫人之心意，有知力，有意志，有感情。此三者之理想，曰真，曰善，曰美。哲学实综合此三者，而论其原理者也”②。王国维把审美作为沟通自然秩序和道德秩序的津梁，认为“审美之境界乃物质之境界与道德之境界之津梁也。于物质之境界中，人受制于天然之势力；于审美之境界则远离之；于道德之境界则统御之”③。在认知和实践领域之外赋予

① 王国维：《论教育之宗旨》，《王国维文集》（第三卷），中国文史出版社 1997 年版，第 57 页。

② 王国维：《哲学辩惑》，《王国维文集》（第三卷），中国文史出版社 1997 年版，第 4 页。

③ 王国维：《孔子之美育主义》，《王国维文集》（第三卷），中国文史出版社 1997 年版，第 156 页。

了审美活动独特的领域，使审美活动不再成为认知或实践领域的依附，而是同时作为沟通二者之桥梁。

2. 区分审美活动、认知活动和实践活动

在确立了人的精神领域的划分之后，王国维对审美活动、认知活动、实践活动进行了区分。他在《论哲学家与美术家之天职》中对哲学和美术进行区分，认为哲学是理性的、思辨的，而美术则是具体的、感性的。在《〈奏定经学科大学文学科大学章程〉书后》中也有区分，“一直观的，一思考的；一顿悟的，一合理的耳”[①]。通过区分，王国维初步赋予了审美活动以直观性、感性等基本特征，将它与以思考（逻辑思维）、合理（理性）等为特征的认知活动区分了开来。尽管这一时期的区分还不是很明确严密，这些区分常常是与他对学科之间的区分关联在一起，但基本上还是将审美活动作为一项独立的活动从日常生活中区分开来。

3. 知识类型的划分

根据思想领域的划分和各领域的价值标准，王国维将知识类型也分作三大类。他认为，“世界学问，不出科学、史学、文学”[②]；“学有三大类：曰，科学也，史学也，文学也。凡记述事物而求其原因，定其法理者，谓之科学。求事物变迁之迹而明其因果者，谓之史学。至出入二者间而兼有玩物适情之效者，谓之文学”[③]。这一分

① 王国维：《〈奏定经学科大学文学科大学章程〉书后》，《王国维文集》（第三卷），中国文史出版社1997年版，第72页。

② 王国维：《〈国学丛刊〉序》，《王国维文集》（第三卷），中国文史出版社1997年版，第366页。

③ 王国维：《〈国学丛刊〉序》，《王国维文集》（第三卷），中国文史出版社1997年版，第365页。

类还详细地体现在他为《国学丛刊》所作的序中：

> 凡事物必尽其真，而道理必求其是，此科学之所有事也；而欲求知识之真与道理之是者，不可不知事物道理之所以存在之由，与其变迁之故，此史学之所有事也；若夫知识道理之不能表以议论，而但可表以情感者，与夫不能求诸实地，而但可求诸想象者，此则文学之所有事。古今东西之为学，均不能出此三者。①

在这里，各学科的研究对象、价值、思维逻辑都基本上有了界定。其中，科学之研究对象为事物，追求知识法理之"真"；史学之对象是"事物变迁之迹"，而探其因由，追求合目的之"善"；文学之对象是"情感"，借助"想象力"，追求的是"美"。在这里，科学、史学和文学的学科知识的轮廓基本清晰。

值得注意的是，在《〈国学丛刊〉序》中，王国维还区分了现代学科与中国古代之"学"的不同："古人所谓学，兼知行言之。今专以知言，则学有三大类：曰科学也，史学也，文学也"②。显示出王国维对于以"知行言合一"为特征的传统知识的自觉突破和超越。

由此，王国维划定了中国现代的知识—逻辑域：认知—真—科学，情感—美—文学，意志—善—史学。由此，美学最初作为一门以"论感情之理性"为原理、与真善并列的哲学学科确立了起来。

---

① 王国维：《〈国学丛刊〉序》，《王国维文集》（第三卷），中国文史出版社 1997 年版，第 365—366 页。

② 王国维：《〈国学丛刊〉序》，《王国维文集》（第三卷），中国文史出版社 1997 年版，第 365 页。

正是基于现代知识域的划分前提，才有了所谓的现代美学学科。

（二）美的本质——审美无利害性

我们知道，在西方现代美学家那里，审美无利害是公认的美的本质。康德、席勒、叔本华等德国古典美学家的美学思想，正是建立在审美无利害性观念的基础之上。康德正是根据无利害性这个标准，将美的事物与日常事物彻底区分开来，将审美快感与满足日常功利和伦理要求引起的快感完全区分开来。于是，审美获得了完全自律的地位。这种审美自律的概念，是整个西方现代美学的奠基性观念。王国维完全接受了康德、叔本华的审美无利害性的本质观。对此，王国维的经典表述是：

> 美之性质，一言以蔽之，曰：可爱玩而不可利用者是已。虽物之美者，有时亦供吾人之利用，但人之视为美时，决不计其利用之点。其性质如是，故其价值存于美之自身，而不存乎其外。①

这里有三点值得注意：一是审美活动的根本性质——非功利性；二是主体的审美态度——对对象不抱功利目的和官能欲望；三是美的价值根源——来自“美之自身”，而非“美”之外其他的任何思想视域。俨然，在王国维看来，美的本质在于它的“可爱玩”，是无功利性的，而且美的价值不依附于道德、政治，而来自审美活动本身，因而审美是自律性的。审美无功利性，不仅使审美活动从日常

① 王国维：《古雅之在美学上之位置》，《王国维文集》（第三卷），中国文史出版社1997年版，第31页。

生活中彻底区分出来，而且使得它从本质上与传统的“文以载道”的审美观区别开来。它的表述与西方现代美学的审美无功利观完全吻合。对此观点，王国维还有多处类似论述，如“可爱玩而不可利用者，一切美术品之公性也”①，等等。很明显，所谓“可爱玩而不可利用者”，这是对康德、叔本华等人的审美无利害性观点的另一种说法。

（三）逻辑展开

王国维根据对审美无功利性的本质的确认，来具体展开他关于审美范畴、形式美、游戏说等基本理论。下面分四部分予以论述。

1. 优美与崇高的审美范畴

王国维在确认了美之普遍性质之后，依据“可爱玩而不可利用”的审美本质，对美学范畴进行了区别。王国维认为，“美学上之区别美也，大率分为二种：曰优美，曰宏壮。自巴克及汗德之书出，学者殆视此为精密之分类也”②。这种审美范畴的划分，也是直接遗传自康德美学的分类传统。另外，《〈红楼梦〉评论》中的“优美”和“壮美”，意境中的“静”与“动”，也分别是对“优美”和“宏壮”的另一表述。

从本质上讲，“优美”与“宏壮”都是无功利的，不同在于其形式结构，前者在于形式的协调而带给人愉悦，后者则在于形式巨大无形式，带给人极大的冲击，唤起人的崇高之情。具体来讲，“前

① 王国维：《古雅之在美学上之位置》，《王国维文集》（第三卷），中国文史出版社1997年版，第31页。

② 王国维：《古雅之在美学上之位置》，《王国维文集》（第三卷），中国文史出版社1997年版，第31页。

者（优美）由一对象之形式，不关吾人之利害，遂使吾人忘利害之念，而以精神之全力沉浸于对象之中，自然及艺术中普通之美皆类也。后者（宏壮）则由以对象之形式超乎吾人知力所能驭之范围，或其形式大不利于吾人，而又觉其非人力所能抗，于是吾人保护自己之本能遂越乎利害之观念外，而达观其对象之形式”①。尽管“优美”和“宏壮”之间的情感存在很大的差异，但它们在“使人忘物我关系”上是一致的。

除此，王国维从审美无功利性的本质出发，以人与物之间的利害关系为标准推论，认为当审美主体与审美客体处于非功利的观赏之中，审美主体内心产生宁静之态，则优美产生；若观赏中审美主体意志受到冲击破裂而意志消散，则壮美产生。进而认为，相对而言，艺术美更容易使人忘却物我之关系，所以艺术美优于自然美。

在“优美”与“宏壮”这对基本范畴之外，王国维还自创了审美范畴——“古雅”。王国维首先肯定了“古雅”之“可爱玩而不可利用”的一切美术品公性，与“优美”、“宏壮”等范畴并列，并对之进行了区别。认为“古雅”为“低度之优美”，“古雅”兼有“优美”与“宏壮”之性质，而处在二者之间。在实践方面，因为“古雅”并非天才所由，“故可为美育普及之津梁”②。由此，“古雅”在中国教育事业上则有巨大的美育效用。

总的来看，“美学”“美育”“悲剧”“审美”等新概念是在王国维是第一次引进。他的美的基本范畴涵盖了优美、宏壮、悲剧、古

① 王国维：《古雅之在美学上之位置》，《王国维文集》（第三卷），中国文史出版社1997年版，第31页。

② 王国维：《古雅之在美学上之位置》，《王国维文集》（第三卷），中国文史出版社1997年版，第35页。

雅、意境、嗜好、眩惑等，而且每个范畴都做了具体发挥，提出了值得重视的见解。其中，优美、宏壮和悲剧基本上延续西方（康德、叔本华）的观点，后四者则是对传统美学范畴的继承，并用西方美学观念加以改造，做出新的论证和发挥，做到了融合中西、贯通古今。

2. 美的性质

王国维的审美无功利性表现在他对美的性质的规定上——美只关系形式，美是直观的对象，物我两忘的审美状态等。下面简述两种美的性质。

首先，形式美。因为对美的普遍的无功利的性质定位，王国维进而推出美在形式：形式的对称调和以及多样统一等，是构成“美之自身”的诸因素。康德在分析鉴赏判断何以具有普遍必然性的第三契机“关系”中，认为美仅在于自由的形式，而不涉及实体和带有内容的概念，认为形式具有独立于内容的审美价值。王国维也继承了这种形式美，这一观点突出地体现在《古雅之在美学上之位置》一文中。王国维认为，“一切之美，皆形式之美也。一切优美皆存于形式之对称、变化及调和；至宏壮之对象，汗德虽谓之无形式，然以此种无形式之形式，能唤起宏壮之情，故谓之形式之一种，无不可也”①。

其次，美是直观的形象。只有非感性非理性的直观，才形成审美对象“表象”，通过直观才能摆脱“世界之桎梏”。也只有在直观

① 王国维：《古雅之在美学上之位置》，《王国维文集》（第三卷），中国文史出版社1997年版，第31页。

时，审美主体才能“仅仅作为纯粹的主体”，客体摆脱根据律的束缚成为“纯粹的客体”，在纯粹的审美主体和客体中达到物我两忘的理想审美状态。

3. 美与社会的关系

从总体上而言，王国维从“可爱玩而不可利用”的基本立场出发，主张“无用之用”说。具体而言，美与社会的关系有以下三种。

首先，强调（学术）美术之独立自主性。审美无利害性的美学本质，要求美学自身的独立性，反对作为政治、道德之附属或政治之手段，而纯为美学自身以目的。在《论哲学家与美术家之天职》《论今年之学术界》等文章中，针对文艺与道德、政治之间的纠缠关系，王国维按照学术无功利性的观点进行了严厉批判。王国维批判了中国几千年来的“有用之用”的讲求实用性的旧文艺观念，“为道德政治之手段者，正使其著作无价值者也”①，反对“非出于知识，而出于情绪”的西学中用，强调目的和手段的分离：知识不是作为手段而存在，而是作为自身而存在。前者即“有用之用”，后者即“无用之用”，后者方为知识之根本，也是发展的长久之计。呼吁追求为知识本身而知识，认为将实用作为知识的根本会误导知识的根本发展。

其次，美育。王国维是中国现代美学思想的启蒙者，也是中国现代美育的最早提倡者。《孔子之美育主义》中以康德、叔本华等人的审美无功利性之说，面对“社会之罪恶固不可减，而人心之苦痛遂长此终古”的困境，王国维循康德、叔本华、席勒之解脱之径，

---

① 王国维：《论哲学家与美术家之天职》，《王国维文集》（第三卷），中国文史出版社 1997 年版，第 8 页。

而将审美作为沟通物质与道德世界的“津梁”，美育遂成为德育之辅助。1903 年作《论教育之宗旨》一文，认为教育大而言之可分为体育和心育二者，而心育又可分智育、德育和美育三者，并建议政府实施体智德美全面发展的宗旨。其后他又作《孔子之美育主义》，运用康德、叔本华的美学观点，论述美育的性质和功能，然后评述了孔子的美育思想。

最后，美与人生的关系。王国维将审美无功利性的美术视为解脱人生苦痛之道。这是延续了叔本华的生命意志论哲学，认为人生而痛苦：“吾人之知识与实践之二方面，无往而不与生活之欲相关系，即与苦痛相关系。有兹一物焉，使吾人超然于利害之外，而忘物与我之关系。……然物之能使吾人超然于利害之外者，必其物之于吾人无利害之关系而后可，易言以明之，必其物非实物而后可。然则非美术何足以当之乎？”① 要摆脱人生在世的苦痛，只有审美的途径。

正因审美无功利性，所以审美才成为人生得以解脱“桎梏之世界”的唯一途径。如王国维所言：“唯美之有物，不与吾人之利害相关系，而吾人观美时，亦不知有一己之利害。何则？美之对象，非特别之物，而此物之种类之形式；又观之之我，非特别之我，而纯粹无欲之我也。”② 因此，美和美感都是超功利的。他认为，“美术之务，在描写人生之苦痛与其解脱之道，而使吾侪冯生之徒，于此桎梏之世界中，离此生活之欲之争斗，而得其暂时之平和，此一切

① 王国维：《〈红楼梦〉评论》，《王国维文集》（第一卷），中国文史出版社 1997 年版，第 3 页。

② 王国维：《叔本华之哲学及其教育学说》，《王国维文集》（第三卷），中国文史出版社 1997 年版，第 321 页。

美术之目的也”[①]。正因为审美的超功利性，而将审美作为人生的最高寄托。

4. 自觉的文学批评意识

“王国维之不同于传统批评关键在于他有明确的文学自主意识，他将对文学的自主性确定在其独特的任务和功能上，这种任务和功能具有现实的超越性。”[②] 这使他与传统将文学作品与时事或政治背景结合在一起的文学批评不同，王国维认为“文学者，游戏的事业也（显然受到席勒游戏说之影响）”[③]。与曹丕之“经国之大业”截然对立。从而将审美/非审美作为区分文学作品的标准，以审美范畴悲剧、境界等为标准评判一部作品的好坏。《〈红楼梦〉评论》就是从审美视野展开的文学作品分析。王国维认为《红楼梦》具有审美价值，这审美价值一言以蔽之，即“彻头彻尾之悲剧”[④]。悲剧的价值在于其开拓了人生的解脱之道。相对于惜春和紫鹃的解脱，贾宝玉的解脱才是悲壮的，因而具有审美价值。在其他的评论或小文中，王国维依然将之纳入审美视野，阐释自己有关文学性的理论。例如，在《宋元戏曲考》中，王国维一反前见，认为戏曲的最高价值在于意境美，其佳处在于“自然”。在《文学小言》（共十七则）中，认为“一切学问皆能以利禄劝，独哲学与文学不然”，“文学者，游戏的事

① 王国维：《〈红楼梦〉评论》，《王国维文集》（第一卷），中国文史出版社 1997 年版，第 9 页。

② 余虹：《革命·审美·解构》，广西师范大学出版社 2001 年版，第 51 页。

③ 王国维：《文学小言》，《王国维文集》（第一卷），中国文史出版社 1997 年版，第 25 页。

④ 王国维：《〈红楼梦〉评论》，《王国维文集》（第一卷），中国文史出版社 1997 年版，第 10 页。

业也”（席勒的游戏说的影响）[1]。接着，他将“景”“情”定位成文学的原质，以此来衡量文学作品价值。

显然，王国维将文学放在了审美关系中加以研究，将文学作为一种审美活动与日常活动区分开来，这种内在的区别意识使王国维能够在评论中梳理传统的文学工具论而注意到文学的存在本身。总体来看，王国维对于中国现代学术的开创意义在于两个方面：首先是对于中国传统思想界的现代知识域划分，其次才是美学学科体系的建构。在这个意义上，王国维、蔡元培等人对美学学科视野的建构，不如说是对中国现代知识域区分的一个结果。

二　蔡元培："中国美学学科建设的创始人"[2]

虽然美学从19世纪末就由西方传播到了中国，20世纪初王国维在引介西方美学和运用西方的美学理论进行文艺评论方面已取得很大的成就，但真正对美学做系统介绍和研究的是蔡元培。蔡元培的贡献主要集中在美学和美育两个领域。

蔡元培（1868—1940）早年曾留学德国，因而他的美学思想与德国古典美学密不可分，或者说直接来自康德美学。蔡元培的美学思想和艺术见解，可以说都是围绕教育实践需要而发挥的，很少就理论而理论的纯学术研究，但是他对美学理论的介绍和应用是系统而丰富的，内容涵盖了美学学科的定位、美学进化史、研究方法、美学批评等多个问题，整体上呈现出清晰的现代美学学科视野。下

① 王国维：《文学小言》，《王国维文集》（第一卷），中国文史出版社1997年版，第25页。

② 彭锋：《引进与变异》，首都师范大学出版社2006年版，第53页。

面从四个角度来论述蔡元培的美育思想。

(一) 蔡元培美学的思想视野

蔡元培美学受到康德美学的影响，在思想视野的划分上也接受了康德的知、情、意三分的做法，并且和康德、席勒一样，将“情”视为“知”和“意”之间的桥梁中介。总的来看，蔡元培对于美学学科的定位可从以下两个层次来看。

1. 思想视野的三分

蔡元培将人的精神领域划分为三大块：知、情、意。这一思想视野的划分，体现在多篇文章中。蔡元培认为，“无论何人，总不能不有是非、善恶、美丑之批评，这因心理上有知、情、意三作用，以真善美为目的。三者之中，以善为主，真与美为辅，因而人是由意志成立的”[①]。这段话说明了三点：一是评价一个人有三方面的标准——是非、善恶、美丑；二是人的心理分为三大领域——知、情、意；三是善是最高人生价值，“情”和“知”则为通达“意”而存在。在这里，蔡元培将知识的思想视野划分得很清楚。

相同的观点，蔡元培曾有反复的表述，如《真善美》：“心理上有三方面，知、情、意，以真善美为目的。哲学家自叔本华以来，均认意志为人生本质，世界圣贤亦无不以止于至善为人类归宿，而知识之浅深与善之认识有关；感情之平激与善之实行有关。”[②] 在这

① 蔡元培：《真善美》，金雅主编《中国现代美学名家·蔡元培卷》，浙江大学出版社2009年版，第17页。

② 蔡元培：《真善美》，金雅主编《中国现代美学名家·蔡元培卷》，浙江大学出版社2009年版，第18页。

里，蔡元培显然将每个思想领域及其独特的价值观对应起来。又如，《美育与人生》：“人的一生，不外乎意志的活动，而意志是盲目的，其所恃以为较近之观照者，是知识；所以供远照、旁照之用者，是感情。”①

2. 知识类型上的区分

人类思想领域可划分为知、情、意三大领域，对应着最高的价值为真、善、美，相应的学科则是逻辑学、美学、伦理学。蔡元培在《美术与科学的关系》一文中对此进行了明确区分：“我们的心理上，可以分三方面看：一面是意志，一面是知识，一面是感情。意志的表现是行为，属于伦理学，知识属于各科学，感情是属于美术的。”②

蔡元培还对每个学科的特征进行了区分。首先，研究领域的不同。蔡元培在《哲学大纲》中对美学学科定位有清晰的交代——“美学之观念者，基于快与不快之感，与科学之属于知见、道德之发于意志者，相为对待。科学在乎探究，故论理学之判断，所以别真伪；道德在乎知性，故伦理学之判断，所以别善恶；美感在乎赏鉴，故美学之判断，所以别美丑，是吾人意识发展之各方面也”③。点明了各学科研究领域、判断标准、追求价值的不同。其次，思维方式的不同。蔡元培区分了人的意识活动方式的不同，认为科学是客观

① 蔡元培：《美育与人生》，金雅主编《中国现代美学名家·蔡元培卷》，浙江大学出版社 2009 年版，第 125 页。

② 蔡元培：《美术与科学的关系》，金雅主编《中国现代美学名家·蔡元培卷》，浙江大学出版社 2009 年版，第 73 页。

③ 蔡元培：《哲学大纲·价值论》，金雅主编《中国现代美学名家·蔡元培卷》，浙江大学出版社 2009 年版，第 11 页。

的概念性逻辑思维，而美学则相反，是主观的直观性。最后，思维介质的不同。美学是创造、想象力，逻辑学（伦理学）是思辨力。

蔡元培确立了知情意的思想视野结构和清晰的知识—逻辑域，其中，“情”（审美领域）与人的认知和意志领域各自具有独立的价值和地位，又共同作为人的思想视野的基本构成相互区分、支撑，各个学科的边界十分清晰，学科之间相对独立而在。与王国维对思想视野和学科类型（科学、史学和文学）的划分相比，蔡元培的伦理学、科学和美学的划分则与西方现代学科的分类更加接近，甚至完全一致。

（二）美的本质——普遍与超脱

对于美的本质，蔡元培强调了两点：“一是普遍，二是超脱。”①所谓美的普遍性，指的是“决无人我差别之见能参入其中”②。蔡元培通过实例寻找美的普遍性，结论是美的普遍性只有存在于形式中。正因为这种普遍性不涉及具体现实，不涉及人我之差别，所以它是超功利的，“美以普遍性之故，不复有人我之关系，遂亦不能有利害之关系”③。这是对康德鉴赏判断的前两点——美的形式普遍性和无功利性的直接借鉴，显然坚持美的本质在于审美无功利性。

进一步，美感作为沟通现象世界与实体世界的“津梁”。这一观点与他的哲学观有关。蔡元培将世界截然二分为现象世界和实体世

① 蔡元培：《美育与人生》，金雅主编《中国现代美学名家·蔡元培卷》，浙江大学出版社 2009 年版，第 125 页。

② 蔡元培：《以美育代宗教说》，金雅主编《中国现代美学名家·蔡元培卷》，浙江大学出版社 2009 年版，第 81 页。

③ 蔡元培：《以美育代宗教说》，金雅主编《中国现代美学名家·蔡元培卷》，浙江大学出版社 2009 年版，第 82 页。

界，其中现象世界即“知”的世界（现实世界），实体世界即“意”的世界（观念世界）。二者的区别在于：“前者相对，后者绝对。前者范围于因果规律，而后者超轶乎因果规律。前者与空间与实践有不可离之关系，而后者无空间时间之可言。前者可以经验，而后者全恃直观。”① 蔡元培不但将二者截然分开，而且赋予实体世界在价值上绝对的优越性。而美感之所以能沟通二者，将人从现象世界提升到本体世界，乃是因为：“美感者，合美丽与尊严而言之，介乎现象世界与实体世界之间，而为津梁。此为康德所创造，而嗣后哲学家未有反对之者也。”② 美感起于现象世界（形式），而其本质却属于无限的实体世界，因此美感不同于现实情感。这也是对康德观点的沿袭。

（三）审美范畴分析

在确定了审美本质——普遍性和超脱性之后，蔡元培据此展开了其基本美学问题的阐发。基于人与对象在审美过程中能达到的普遍与超脱的程度而分为不同的范畴。一般情况下，蔡元培认为，“美感本有两种：一为优雅之美，一为崇高之美”。“崇高之美，又可分为伟大与坚强之二类。”③ 他在《以美育代宗教说》中作了类似的区分——“普通之美”和“特别之美”。“特别之美”又分伟大与坚强两种：“都丽之美”和“崇闳之美”。其中，“崇闳之美”又分为至大和至刚两种。除此之外，蔡元培还简单地涉及了悲剧、滑稽等审

① 蔡元培：《对于新教育之意见》，金雅主编《中国现代美学名家·蔡元培卷》，浙江大学出版社 2009 年版，第 21 页。

② 蔡元培：《对于新教育之意见》，金雅主编《中国现代美学名家·蔡元培卷》，浙江大学出版社 2009 年版，第 22 页。

③ 蔡元培：《在香港圣约翰大礼堂美术展览会演词》，金雅主编《中国现代美学名家·蔡元培卷》，浙江大学出版社 2009 年版，第 129 页。

美范畴，“要之美学之中大都为都丽之美，崇闳之美（日本人译优美、壮美）。而附丽于崇闳之悲剧，附丽于都丽之滑稽，皆足以破人我之见，去利害得失之计较，则其所以陶养性灵，使之日进于高尚者固已足矣”①。总的来看，蔡元培对于审美范畴的划分并无创新，而是简单地传达了康德的范畴分类，他的美学理论重心在于美育思想。

（四）以美育代宗教

蔡元培的美育思想是基于美的本质——普遍性和超脱性基础上的实用精神。通过审美的方式教育国民，在王国维那里甚至更早的梁启超就提出来了。梁启超的《论小说与群治之关系》就是出于“新民”之目的。王国维认为“教育之事亦分为三部：智育、德育（即意育）、美育（即情育）”②，曾在多篇文章中正式提出“美育”问题。但是王国维的美育旨在培养人的情感健康使之成为完满之人，而蔡元培提倡美育则出于革命的需要。在蔡元培看来，辛亥革命之所以失败，乃是因为缺乏良好的人格精神。于是蔡元培从革命的角度，终身坚持并宣传“以美育代宗教”的主张。

蔡元培同样将教育事业分为三大类：德育、智育和美育。美育与德育、智育不同，在于陶冶人的感情，审美具有普遍性和超脱性，进而以推动人的伟大而高尚的行为，审美活动的“普遍性以打破人

① 蔡元培：《以美育代宗教说》，金雅主编《中国现代美学名家·蔡元培卷》，浙江大学出版社2009年版，第96页。

② 王国维：《论教育之宗旨》，《王国维文集》（第一卷），中国文史出版社1997年版，第57页。

我的成见”，“超脱性透出利害的关系”[1]，“所以当着重要关头，有‘富贵不能淫，贫贱不能移，威武不能屈’的气概；甚且有‘杀身以成仁’而不‘求生以害仁’的勇敢；这种是完全不由于知识的计较，而由于感情的陶养，就不是源于智育，而源于美育”[2]。蔡元培有丰富的美育理论和文章，因与本书论述主题关系不密，此不赘述。

总的来看，蔡元培在美学理论上并无创新，但在思想视野的基本构成和美的本质等基本问题上完整地显现了现代美学的理论特征和学科视野。就美学理论思想深度而言，王国维比蔡元培要远为深刻；就理论范式而言，特别是在理论术语、逻辑和构架上，蔡元培比王国维向前更迈进一步。

三　鲁迅（早期）：“摩罗”美学

鲁迅（1881—1936）虽然从未对美学理论进行系统的论述和论证，但在他早期作品中涉及有关审美价值的论述，主要集中在《摩罗诗力说》（1907 年）中。鲁迅早年留学日本，在思想上主要受到了浪漫主义和尼采的“天才论”“酒神精神”等的影响，在美学上表现出一种强调生命力、张扬个性的审美特质。

《摩罗诗力说》稍前的姊妹篇《文化偏至论》（1907 年），针对民族落伍而提出“灵魂深处闹革命”和应重视个人、发扬理想人格，《摩罗诗力说》便是对这一人格理想在审美价值上的表达。在这篇短

① 蔡元培：《美育与人生》，金雅主编《中国现代美学名家·蔡元培卷》，浙江大学出版社 2009 年版，第 126 页。

② 鲁迅：《儗播布美术意见书》，《鲁迅全集》（第八卷），人民文学出版社 1981 年版，第 46 页。

文中，论述了美的本质、艺术与社会、艺术与人心等基本问题。下面从三个角度来论述鲁迅早期的美学思想。

（一）鲁迅美学的思想视野

鲁迅早期的思想视野和王国维、蔡元培一样，延续了现代西学思想视野三分法的传统。鲁迅没有专门论述、区分思想视野，而经常在论述有关文学、美术等的审美视野的文字中透露出来。例如，在《摩罗诗力说》《儗播布美术意见书》等文中，均有区分科学、情感、道德领域的意向。如在《儗播布美术意见书》中批判科学至上时就涉及他的思想视野的基本观点。他认为，“盖使举世惟知识之崇，人生必归于枯寂，如是既久，则美上之感情漓，明敏之思想失，所谓科学，亦同趣于无有矣”①。大意是，人的情感一旦被剥夺了，那么人生将为枯寂；意志的地位被侵占了，那么人生就失去了活力；人生没有了乐趣和活力，那么科学意义也将不复存在。可见，鲁迅认为人的心理结构不能只有知识，必须配以情感和意志，而且三者是互为支撑互为区分的。

（二）无功利的审美本质

鲁迅受到尼采和浪漫主义的影响，在美的本质问题上依然是无利害性的审美观。对此，鲁迅在《摩罗诗力说》中对艺术的本质有较为明晰的表达。

① 鲁迅：《文化偏至论》，《鲁迅全集》（第一卷），人民文学出版社 1981 年版，第 35 页。

由纯文学上言之，则以一切美术之本质，皆在使观听之人，为之兴感怡悦。文章为美术之一，质亦当然，与个人暨邦国之存，无所系属，实利离尽，究理弗存。……然吾人乐于观诵，如游巨浸，前临渺茫，浮游波际，游泳既已，神质悉移。而彼之大海，实仅波起涛飞，绝无情愫，未始以一教训一格言相授。顾游者之元气体力，则为之陡增也。故文章之于人生，其为用决不次于衣食，宫室，宗教，道德。①

在这里，鲁迅对于审美活动的特征定位是十分清晰的：其一，可听、可视的感性特征；其二，具有使人情感愉悦的性质；其三，具有超功利性。鲁迅对于审美活动的界定是在和道德、宗教、认知活动的区分中进行的。科学的功用在于求真，道德的功用在于约束人的行动，而艺术虽然也包含真和善，但艺术的主要职能是“涵养神思”。很明显，鲁迅从西方那里继承下来的艺术观一般看法，即审美无利害性。它不仅是没有实用目的，而且不存在理性的痕迹，它所为的仅在愉悦情感，可谓“美术诚谛，固在发扬真美，以娱人情”②。

(三)“不用之用”的文艺观

鲁迅认为，文章是感性而超功利性的，其特殊之用在于开启人生的真理，因而主张文章的“不用之用说”。“盖世界大文，无不能

① 鲁迅：《摩罗诗力说》，《鲁迅全集》（第一卷），人民文学出版社 1981 年版，第 73 页。

② 鲁迅：《儗播布美术意见书》，《鲁迅全集》（第八卷），人民文学出版社 1981 年版，第 45 页。

启人生之密机，而直语其事实法则，为科学所不能言者。所谓密机，即人生之诚理是已。”① 鲁迅的审美价值观是与他的生命哲学联系在一切的。

鲁迅在美的本质上坚持美术的无功利性和文艺自主性，与传统的功利观有质的区别，同时，鲁迅并不否认美术对外具有特殊的作用。鲁迅在1913年《儗播布美术意见书》中认为，美术有“可以表见文化”“可以辅翼道德”“可以救援经济”三大功能。从这三个功能的动词——“表见”“辅翼”“救援”来看，在鲁迅的心目中，尽管文艺可以具有一些实际功用，但这些都是辅助性的，而不是决定性的。

鲁迅的“不用之用”与王国维、蔡元培“无用之用”的价值观十分相似，但略显粗糙。这是因为，鲁迅的思想从一开始就与特殊的时代色彩缠绕在一起，对于审美价值的论述也是从改造国民性、振奋国民精神这个立场出发的，因而，其强调生命力、个性又通常和革命救世缠绕在一起。

总的来看，20世纪20年代前后中国美学的发展，虽然王国维、蔡元培、鲁迅等这些初创期美学家的理论观点各异，而且每个都带有一种末世救赎之冲动，但是，他们这种救赎冲动是在现代美学自律的基础上进行的。总之，在关于知、情、意思想视野的划分、美在现实和道德之间的关系、美的本质、审美范畴、艺术美等问题的分析中，他们一道共同构建了中国现代美学的学科雏形。

---

① 鲁迅：《摩罗诗力说》，《鲁迅全集》（第一卷），人民文学出版社1981年版，第74页。

第二节　30 年代学科视野下的美学理论拓展

相对初创期中国现代美学而言，30 年代的美学理论不再单单引进西方理论，而是更多地创造性转化并将西方现代美学运用到中国古典美学和文学领域，从而在美学、文艺、文学诸层面带动中国进入一个现代性的追求。具体而言，在理论范式上更加完整和严谨，在内容上实现从哲学范式的宏观到审美经验的微观的切近，在语言表达上更为严密、准确而富有逻辑，在对西方美学理论的运用和创新、比较等方面都进入一个崭新的阶段。整体而言，30 年代的美学，以朱光潜和宗白华等为代表的美学家在自觉坚持初创期奠定的学科视野的基础上，推动美学学科全面向前发展。

与王国维、蔡元培在哲学整体上来谈美学不同，朱光潜的美学理论直接以审美经验为切入点，宗白华的则以美学为最理想的彰显生命的途径。朱光潜之所以能直接以审美经验为研究对象，宗白华之所以能将美学与生命哲学结合起来，除了他们自身的理论选择和趣味偏爱之外，根本上有赖于 30 年代中国现代知识背景的完成：思想视野三分（知、情、意）模式的深入人心和现代学科（知识—逻辑域）分类的完成。只有在此知识背景下，独立的审美视野和审美自律论才能保证对“审美经验”的论证分析具有知识合法性，才能保证美学何以能恰切地通达生命本体。事实上，朱光潜、宗白华对于“审美经验”、生命美学的分析论证正是在审美视野中完成，并具有规范的逻辑建构和言语表述。相对而言，朱光潜的美学思想具有较为完整的理论体系和明晰的逻辑思路，因而下面就结合朱光潜的心理美学来考察这一时期的审美视野。

一　朱光潜："审美经验"

朱光潜（1897—1986）一生治学勤勉，为中国现代美学的建设做出了极大的贡献，可谓中国现代美学界的泰斗。就中国现代美学学科在早期的发展而言，朱光潜是"第一个运用现代美学的观点整理中国古典美学并进行中西美学比较的学者"[①]。更为重要的是，朱光潜开创性地创立一个比较完整的现代美学的逻辑框架和语言表达范式。

朱光潜的心理学美学内在地巩固了美学的学科视野。他早年曾留学德国、美国，在美学思想上主要吸收了从康德到克罗齐的形式主义美学观，还对布洛的"心理距离说"、立普斯的"移情说"等加以创造性地吸收转化，形成了自己独特的美感经验理论。这一时期的美学作品有：《悲剧心理学》（1932年）、《谈美》（1932年）和《文艺心理学》（1936年）等。其中，《文艺心理学》"首次依据西方美学理论深入阐述了'美感经验'"[②]，集中代表了他早期的美学思想，"它不但传递了丰富的理论信息，而且铸成了第一个比较完整的现代美学理论模型"[③]。在逻辑建构上，《文艺心理学》不同于来自哲学理论的逻辑演绎的美学，而是遵循"美感经验—美的本质—艺术的创造"这样一条经验主义的理论路线。下面分三部分予以论述。

① 陈望衡：《20世纪中国美学本体论问题》，武汉大学出版社2007年版，第92页。
② 余虹：《革命·审美·解构》，广西师范大学出版社2001年版，第160页。
③ 封孝伦：《二十世纪中国美学》，东北师范大学出版社1998年版，第200页。

（一）美感经验

在王国维、蔡元培等努力下确立的中国现代知识背景中，如果说王国维、蔡元培等人对于美学的引介还停留在宏观的哲学美学层面的话，那么，朱光潜则进入了有关审美经验的微观分析论证。朱光潜在由王国维等人奠定的思想视野基础上，运用规范的逻辑建构和言语表述展开“审美视野”内部的分析论证。下面来具体进行论证。

何谓“美感经验”？朱光潜认为，所谓美感经验，就是“我们在欣赏自然美或艺术美时的心理活动”①，即审美过程中产生的心理体验。那么，这是怎样一种心理呢？朱光潜汲取德国古典哲学美学（如康德、叔本华）和立普斯、布洛等的心理学美学资源，从以下四个方面对审美经验的特征进行了界定。

第一，美感经验是形象直觉。形象直觉是审美经验的基本特征。朱光潜分析，“在美感经验中，心所以接物者是直觉，物所以呈现于心者只是形象”②。即指审美主体心理的“直觉”特征和美感对象的“形象”特征。首先，何谓“直觉”？根据近代哲学认识论，一般认识事物的“知”有三种：直觉、知觉和概念。其中，直觉指“见形象而不见意义的知”；知觉是指“由形象而知意义的知”；概念是“超形象而知意义的知”。这三种“知”的根本区别在于形象与意义之间相互消长的程度不同。美感经验就是直觉，就是只有形象而没有意义的“知”。也就是说，在审美过程中，审美主体的意识完全被

---

① 朱光潜：《文艺心理学》，《朱光潜美学文集》（第一卷），上海文艺出版社 1982 年版，第 9 页。

② 朱光潜：《文艺心理学》，《朱光潜美学文集》（第一卷），上海文艺出版社 1982 年版，第 13 页。

形象所占据，除此之外的一切都在刹那间被忘却。由此可见，形象直觉的要义在于对功利、认知的排除，在本质上是无功利的。

第二，美感经验是凝神的境界。这是在形象直觉的基础上推出来的。形象的直觉要求我们摒除意志和欲念，抛弃概念和思考，只对事物形象进行玩索观照，这一行为要求人聚精会神的心理状态——凝神。朱光潜认为，“美感经验是一种极端的聚精会神的心理状态”①，只有全部精神都聚会在一个对象上面，该意象方能成为一个独立自主的世界，“在观赏的一刹那中，观赏者的意识只被一个完整而单纯的意象占住”②，观赏者“不但忘去欣赏对象以外的世界，并且忘记自己我们的存在”③。

朱光潜对凝神境界的阐释，是在与观照“实用世界”“是非真假”不同心理的区别中完成的。“比如在观赏古松时，如果他猛然想到它可以避风息凉或是造桥架屋，这一念之动中他就搬了一回家，跑回到实用世界中去了。不但如此，在凝神观照时，古松的是非真假也被置之度外，心里决无暇想到图画中的古松与山上长的古松有虚实的分别。作为美感对象时，无论是画中的古松或是山上的古松，都只是一种完整而单纯的意象。”④ 这段话的思路、视野和《谈美》“我们对于一棵古松的三种态度——实用的、科学的、美感的”论述

① 朱光潜:《文艺心理学》,《朱光潜美学文集》（第一卷），上海文艺出版社 1982 年版，第 16 页。

② 朱光潜:《文艺心理学》,《朱光潜美学文集》（第一卷），上海文艺出版社 1982 年版，第 17 页。

③ 朱光潜:《文艺心理学》,《朱光潜美学文集》（第一卷），上海文艺出版社 1982 年版，第 17 页

④ 朱光潜:《文艺心理学》,《朱光潜美学文集》（第一卷），上海文艺出版社 1982 年版，第 16—17 页。

一致，即将欣赏者凝神观照美感对象时的心理与观照“实用世界”、“是非真假”的心理区别开来，在三者的区别中完成对凝神境界的界定。可见，朱光潜对凝神境界的定位和他肯定美感经验第一基本特征形象直觉的非功利性是一致的。

第三，美感经验要求物我同一的境界。物我同一是凝神境界自然而然的结果要求，“物我两忘的结果是物我同一”[①]。这里朱光潜借由立普斯的“移情说”理论展开描述：“观赏者在兴高采烈之际，无暇区别物我，于是我的生命和物的生命往复交流，在无意之中我以我的性格灌输到物，同时也把物的姿态吸收于我”[②]，即“移情”，由此审美者在不知不觉中由物我两忘进到物我同一的境界。“看古松看到聚精会神时，我一方面把自己心中清风亮节的气概移注到松，于是松俨然变成一个人；同时也把松的苍老劲拔的情趣吸收于我，于是人也俨然变成一棵古松。”[③] 在聚精会神的观照中，物我的情趣往复回流，物我交感而至物我同一之境。

第四，美感经验须对物保持一个适当的距离。这个特征是朱光潜对布洛心理距离说的发挥。布洛强调审美须对事物持一种非功利的态度，因而要与对象保持一定的距离。朱光潜则将这距离加上一个修饰词“适当的”，即“不即不离”。在朱光潜看来，一方面，人的审美心理不能太过远离事物，否则情感无从附着；另一方面，又不能太切近事物，否则就无法超脱事物的功利性质。审美如此，艺

① 朱光潜：《文艺心理学》，《朱光潜美学文集》（第一卷），上海文艺出版社 1982 年版，第 18 页。

② 朱光潜：《文艺心理学》，《朱光潜美学文集》（第一卷），上海文艺出版社 1982 年版，第 18 页。

③ 朱光潜：《文艺心理学》，《朱光潜美学文集》（第一卷），上海文艺出版社 1982 年版，第 18 页。

术也应如此，在实际生活和艺术之间要保持一个适当的距离。“在美感经验中，我们一方面要从实际生活中跳出来，另一方面又不能脱尽实际生活；一方面要忘我，另一方面又要拿我的经验来印证作品。”① 距离说可谓是对形象直觉的一个补充，也可谓是对于功利和非功利之间的一个折中。

从这四个美感经验的特征可以看出，朱光潜对审美的总体看法，即“美感经验就是形象的直觉”②，同时，要保持“我和物在实用观点上的隔绝”③；在凝神观照对象时，“不知不觉之中由物我两忘进入物我同一的境界”④。其中，表达超功利观的“形象直觉”是其核心。

（二）美的本质

在分析美感经验的基础上，朱光潜提出了他对美的本质的看法：

> 美不仅在物，亦不仅在心，它在心与物的关系上面；但这种关系并不如康德和一般人所想象的，在物为刺激，在心为感受；它是心借物的形象来表现情趣。世间并没有天生自在、俯拾即是的美，凡是美都要经过心灵的创造。我们在第一章已经详细分析过，在美感经验中，我们须见到一个意象或形象，这

① 朱光潜：《文艺心理学》，《朱光潜美学文集》（第一卷），上海文艺出版社 1982 年版，第 25 页。

② 朱光潜：《文艺心理学》，《朱光潜美学文集》（第一卷），上海文艺出版社 1982 年版，第 1 页。

③ 朱光潜：《文艺心理学》，《朱光潜美学文集》（第一卷），上海文艺出版社 1982 年版，第 24 页。

④ 朱光潜：《文艺心理学》，《朱光潜美学文集》（第一卷），上海文艺出版社 1982 年版，第 37 页。

种“见”就是直觉或创造；所见到的意象须恰好传达出一种特殊的情趣，这种“传”就是表现或表征；见出意象恰好表现情趣，就是审美或欣赏。创造是表现情趣于意象，可以说是情趣的意象化；欣赏是因意象而见情趣，可以说是意象的情趣化。美就是情趣意象化或意象情趣化时心中所觉到的“恰好”的快感。①

这里有三点值得注意：其一，“美在关系说”。美是一种关系，它不仅包括了客观的物的刺激，也包括了主观的心的感受，是同时包含着刺激和感受的一种关系，美在心与物的关系上面。它是一种关联了审美主体和对象客体的统一关系。其二，美由心灵的“创造”而来。这是对美如何产生的考察，朱光潜认为美的产生关键在于心灵的创造。可见，客观对象和主观心灵都只是为美的产生准备条件，而美的真正产生在于人的心灵的主观创造，在创造中美产生了。其三，美是一种“恰好”的快感。

（三）逻辑展开

第一，艺术美和自然美。在将美的本质确认为“心物关系”上之后，朱光潜表达了他对自然美和艺术美的看法。其一，从美在“心物关系”上来看，艺术则是主观情趣见之于意象的产物。艺术本身不是意象的纯形式，也不是情趣的纯内容，而是二者的统一。这种统一通过艺术家“表现”而来，也就是艺术家心灵的创造而来。

① 朱光潜：《文艺心理学》，《朱光潜美学文集》（第一卷），上海文艺出版社 1982 年版，第 153 页。

“美是创造出来的，它是艺术的特质。”① 其二，自然中无美。从“美在心物关系说”来解释艺术美非常合适，游刃有余，但一旦遇到自然美，它就找不到合理的来源，因而，朱光潜断定“自然中无所谓美。在觉自然为美时，自然就已告成表现情趣的意象，就已经是艺术品”②。由此可见，基于“心物关系说”的本质下，只有艺术美这一种。

第二，悲剧。朱光潜对于悲剧也是作为一种审美价值来阐释的，认为“悲剧的喜感和一切美感一样，都是起于形象的直觉”③。它类似于康德的崇高概念，此不赘述。

二 文艺功利性的理论阐释

朱光潜在文艺自主论的基础上为文艺与现实、道德之间的关系开拓了可阐释的空间。朱光潜区分了美感和艺术，认为美是艺术的一种特质，但美感并不等于艺术本身。艺术除了美感之外，还可以有道德、认知等因素在里面。正因为这样，朱光潜一面坚持审美自律论，认为在美感经验中，心理活动都是单纯的直觉，不作道德的判断和真假的区分，艺术与道德、认知无关；另一面审美活动背后往往积淀了传统文化和道德因素，进而又将艺术与政治、道德的现实关系联系起来。与王国维、蔡元培的“无用之用”说对于审美无功利性的坚持相比，

① 朱光潜：《文艺心理学》，《朱光潜美学文集》（第一卷），上海文艺出版社 1982 年版，第 155 页。

② 朱光潜：《文艺心理学》，《朱光潜美学文集》（第一卷），上海文艺出版社 1982 年版，第 155 页。

③ 朱光潜：《文艺心理学》，《朱光潜美学文集》（第一卷），上海文艺出版社 1982 年版，第 261 页。

朱光潜通过区分美感和艺术，给文艺与现实、道德之间的关系留下了可解释的理论空间。这又使朱光潜与情绪性地直接将文艺作为政治工具的功利性文艺观区别了开来。

总的来看，虽然朱光潜确认美的本质在于“心物关系”上，审美范畴也是在于主观情趣和客观意象的统一，在文艺与现实的问题上与前此的王国维、蔡元培等人的“无用之用”说有了分歧，但从根本上，朱光潜关于美感经验的分析——形象直觉，美的本质——心物关系、艺术美等基本问题的分析，都是在坚持审美自律论的基础上，虽为调解文艺与现实、道德留下了辩证的空间，但总体上它依然是在审美视野中逻辑展开。

整体而言，发展期的中国现代美学沿着西方现代美学的学科视野，或融合多种理论创新或对中国古典美学进行转化等，进一步丰富、深化、切近了中国现代美学。

第三节　40年代美学学科视野的认识论转向

中国文化思想的现代转型，主要有两个思想推手：一是西方现代思想，二是马克思主义。表现在美学领域，前者体现为从王国维、蔡元培、朱光潜（早期）等为代表的自主论美学观，后者便是由蔡仪“新美学”开启的马克思主义美学的工具论美学观。前者作为自主论美学，它是因为审美自律论和自我反思而自觉地存在，后者作为工具论（他律论）美学，它是由于社会、革命的外在需求所致，作为政治、革命的工具而存在。

从20世纪20年代以来，中国思想领域就有人不断运用苏俄马克思主义的原理来阐释有关美学或文艺批评，并围绕文艺与政治的关系引发轮番的辩论。1942年毛泽东《在延安文艺座谈会上的讲话》（以下简称《讲话》）对这一辩论进行系统总结和本土性阐发，成为最高理论指引，标志着中国马克思主义美学的正式诞生。然而，所有这些以马克思主义原理来阐发美学的著作（包括《讲话》），并未涉及美学的具体内容，更多地停留在政治社会学的层面上，因而，从严格的学术意义上来讲，它并未真正进入美学领域，不能算是严格意义上的马克思主义美学。直到40年代这种新美学才通过美学理论自身表现出来，这就是蔡仪的《新艺术论》（重庆商务印书馆1942年版）和《新美学》（上海群益出版社1948年版）。可以说，“运用马克思主义观点真正从事美学研究者，并且建立了自己的新体系，唯有蔡仪一人而已”①。与早期甚至现在那些“把马克思主义或马克思列宁主义这样的名词作为他们随时随意可以使用的标签”② 的马克思主义美学家不同，蔡仪自觉地将马克思主义的立场、观点和方法论等，运用到美学理论领域，建构了系统的、自觉的马克思主义美学。正因为如此，唯物主义反映论美学“对朱光潜为代表的旧美学的对立和批判，才真正进入文艺的世界观与方法论的实质问题，也才真正成为美学的对立与批判”③。蔡仪之所以称自己的美学为“新美学”，原因正在于：一是对基于普遍人性论基础上的唯

① 聂振斌：《中国近代美学思想史》，中国社会科学出版社1991年版，第374页。
② 蔡仪：《蔡仪美学论文选·序》，湖南人民出版社1982年版，第5页。
③ 聂振斌：《中国近代美学思想史》，中国社会科学出版社1991年版，第389页。

心主义美学的批判和对前此与马克思主义有关的美学理论的纠正和匡扶；二是在批判的基础上，将马克思主义真正地引入美学领域，从认识论的思路，全面、系统地建构马克思主义美学理论体系。

直到五六十年代，“蔡仪现在清华大学建筑系讲美学也仍坚持了‘新美学’中的这些理论，所以‘新美学’基本上仍可以代表蔡仪现在的观点”①。蔡仪“新美学”建立的马克思主义美学理论模式和言述空间，延续在之后的美学大讨论、80年代“美学热”，甚至是之后的实践美学中。20世纪五六十年代的美学大讨论，虽然是四派理论争鸣，但无论是占据一端的绝对论美学观（蔡仪的客观论美学，吕荧、高尔泰的主观论美学），还是调和的美学论（朱光潜的主客观统一论美学，李泽厚的客观性与社会性的统一论美学），在论证焦点定位在“美学中的哲学基本问题”时，都无法逃脱时代的思想牢笼，认识论美学依然占据主导地位。就学科建设来看，五六十年代的美学学科作为一门专门课程或重要的选修课程，通常开设在哲学和汉语言两个专业下面，课时安排30—50个不等；课程内容呈多元化，包括西方美学史、中国美学史、马克思主义美学等。教材方面在教育部明确大量翻译苏联高等学校教科书的指示下，60年代高校美学课程从大纲、教材到参考书以及教学设计等均全方位挪自苏联，国内学者的自编教材也以唯物论思想作为最高指导思想，比如朱光潜写于1963—1964年的高等学校文科教材《西方美学史》也是以历史唯物主义为指南。可见，在80年代思想解放之前，单一的认识论一直左右着中国美学的建构视野。

① 李泽厚：《美的客观性和社会性——评朱光潜、蔡仪的美学观》，《人民日报》1957年1月9日。

那么，以蔡仪“新美学”为首的认识论美学的学科视野是怎样的呢？它是怎样偏离前此的美学学科视野的呢？本节即以《新美学》和《新艺术论》为核心，从认识论的哲学基础、美的本质、逻辑展开等四个步骤具体考察认识论美学学科视野的建构和挪移。下面分别予以论述。

一 “新美学”的思想视野

批判地建构，是蔡仪美学理论的一贯进路。《新美学》一书“从美学方法、美的本质、美感到艺术以及美、美感、艺术的种类，系统地、多方面地揭露了旧美学的矛盾，并运用马克思主义唯物论进行批判，在批判的基础上建立自己的美学体系”①。蔡仪“新美学”体系的创建明确针对唯心主义美学，“旧美学的缺点和错误，根本在于没有正确理解美的本质或美的法则，而这正是要做新的探索的”②。很显然，蔡仪为了对抗以普遍人性论为基础的唯心主义思想，摒弃一切与主观有牵连的任何可能性，因此采取了与旧美学体系截然相反而纯粹的、单纯的客观主义思路。就思想视野而言，它必然表现为对前此的知、情、意思想视野的否定和对唯物论思想视野的反向肯定。

归根结底，现代学科的思想视野基本构成，由其哲学基础展示的思想视野决定。蔡仪“新美学”之所以在美学史上独当一面的主要原因，即在于它替换了美学的哲学基础。因而，对于蔡仪新美学

① 聂振斌：《中国近代美学思想史》，中国社会科学出版社1991年版，第374页。
② 蔡仪：《美学论著初编序》（上），上海文艺出版社1982年版，第10页。

的思想视野的考察，首要的便是回到其哲学基础马克思唯物主义。下面分三部分予以论述。

（一）哲学基础——马克思主义认识论

从20世纪40年代的思想语境来看，能够有效而彻底地对抗主观唯心主义的哲学观，只有马克思主义的唯物论。只有唯物主义思想才能根本而有效地否定代表资产阶级意识形态的唯心主义。这时的唯物论主要指的是从苏联舶来的马克思列宁主义的辩证唯物主义，它是在战争的需要下对马克思主义唯物论的简单改造。其基本原理是：物质决定意识，意识反作用于物质；物质第一，意识第二；经济基础决定上层建筑等。

在此基础上的认识论，即“马克思列宁主义的认识论，就是反映论，它的基本规定就是存在决定意识，意识反映存在”①。蔡仪在《新美学》中将其概括为四点：首先，意识基于客观存在，认识反映客观存在；其次，认识不是被动地接受外物的刺激，而是能动地反映外物，是实践的结果；再次，认识不是固定不变的，而是随客观现实的发展而辩证地发展的，所以能由低级的认识进到高级的认识，由感性的认识进到智性的认识，而比较完全地反映客观现实；最后，认识的正确性也须由实践来验证。② 相对而言，前两点是马克思主义认识论的核心，因为它首先从根本上强调了物质第一性、意识第二性的主次关系，确定了客观主义思想的根本地位，同时，它又传达了“意识是对物质的能动反映”这一辩证思维，为人的自由的精神

① 蔡仪：《美学论著初编》（下），上海文艺出版社1982年版，第568页。

② 蔡仪：《美学论著初编》（上），上海文艺出版社1982年版，第29页。

活动留下了可展开的空间。这正是蔡仪新美学能够从认识论中得到阐释的理论空间。一如蔡仪所言："马克思主义认识论掌握辩证的思维方法，能正确认识客观现实事物的普遍规律，并能用唯物主义观点去考察精神世界，因此，马克思主义认识论当然是马克思主义美学的基础，不用说，也是马克思主义美学的美感论的基础。"①

（二）认识论的思想视野

那么，该马克思主义认识论展示出来的是一种怎样的思想视野呢？在认识论"存在/思维"的认识模式下，"一切的认识，都是客观现实的反映；而且一切的意识，都是由客观现实所产生"②。也就是说，一切意识源于存在（客观现实），一切认识均是对于客观现实的反映，因而人类的精神活动类型有且仅有一种：认识——人对现实的认识。这里的认识是一种主体（人）作用于客体（自然）的基本关系。当认识论将人的意识活动看作对客观现实的反映，那么：

> 人们的一切精神作用——意识作用，是以知——认识为基础的；那么情也是以知为基础的，情也是不能离开知的。没有无知的单纯的情，没有情不以知为基础的。同样，一切的客观现象是以真为基础的。客观事物的善或美，也是以真为基础的。没有真根本便没有善，也没有美。唯其是真然后才能是善，才能是美。美是不能离开真的。③

---

① 蔡仪：《新美学》（改写本第2卷），中国社会科学出版社1991年版，第58页。
② 蔡仪：《美学论著初编》（上），上海文艺出版社1982年版，第32页。
③ 蔡仪：《美学论著初编》（上），上海文艺出版社1982年版，第167页。

在这里，马克思主义认识论展示的是单一的认知视野。认识是人类的认识、情感、意志的基础，情感和意志也是认识活动的一种。相应地，在价值领域，“真”是“善”和“美”的基础，“真”是唯一标准；“善”和“美”均须以真为基础，不以“真”为基础的“善”和“美”是虚伪的，是不存在的。

由此可知，由反映论展示的思想领域，不再是惯常的知、情、意的三分和相互区分相互支撑的关系，而是以认识为唯一的方式，将情感和意志归并在认知这单一的领域里。换句话说，人的思想意识作为对客观现实的反映，在根本上只有一种认识活动，所谓的情感和意志都是认识的策略延伸，本质上也属于认识活动——人对客观现实的反映。蔡仪否认传统知情意、真善美三分法，颇有气魄地将人的精神意识重归为一：知。将“情—审美—美”和“意—实践—善”归并到“知—认识—真”的领域里面。

（三）美的认识与科学的认识的区分

蔡仪在“知”的单一认知视野中对美的认识和科学的认识进行了区分。美的认识作为认识的一种，与一般的认识活动有所区别。这种区别不是质的不同，而是认识过程中借由的中介概念以及与真实关联程度的不同。蔡仪在《新艺术论》和《新美学》中都花大篇幅考察了认识的全过程：感觉—表象—概念—判断—推理。从对认识过程的分析来看，科学的认识与艺术的认识，二者都是认识现实的，对现实的认识的条件是观察、比较、分析、综合。区别在于：其一，就认识现实的意识活动的过程来说，科学的认识主要是凭借以感性为基础的智性作用来完成的，以抽象的概念为基础；艺术的认识主要是凭借受智性制约的感性作用来完成的，主要利用概念的具体性而构成更能反映客观现实的本质的必然的诸属性或特征的形象。其二，就意识活动对现实所认识的内容来说，科学的认识主要是一般包括个别；艺术的认识则是以个别显现着一般。① 总体来看，艺术的这种与现实、科学、技术的关系和区别，就表现着艺术的主要性质和特点——在本质上，美学是一种认识；与其他的认识相比，美感是借助具体形象的概念而在个别上显现一般的现实反映。

由此，蔡仪从种属——认识，属与属之间——艺术的认识与科学的认识的区分中，确认了美学的学科视野是认知视野，在总体上遵循着认识论的一般原理。这就意味着，存在/意识、反映/被反映、理性/感性的关系模式成为展开“新美学”理论的基本框架。

二　美的本质——“美是典型”

在反映论那里，存在/意识成为划分世界的唯一模式，如何把握美的本质，即美是源于人的意识还是在于客观现实事物本身，成为把握美的本质的途径之分。下面分两部分予以论述。

（一）美在于客观现实

与旧美学认为美根源人的意识相反，蔡仪从唯物主义的哲学立场出发，认为美在于客观现实。蔡仪在《新美学》的第一章《美学方法论》中开篇就从根本上对美学的属性正本清源。他认为，形而上学的美学认为美的现象根源于主观意识；心理学的美学认为美的

① 蔡仪：《美学论著初编》（上），上海文艺出版社 1982 年版，第 11—12 页。

现象不是根源于外物，而是内在意识；客观的美学（艺术美学和人类学的美学）认为美的现象根源于外物，但它是通过人的意识作用创造而来，因而没有撇清主观性成分，同样是不可取的。在此批判的基础上，蔡仪认为，要坚持纯粹的唯物主义立场，摒弃任何主观的可能性，就必须认定美在于客观现实，美根源于客观现实。这才是把握美的本质的唯一正确途径。既然美在于客观事物本身，那么，美感即美的认识，则是对客观现实的认识或摹写。“我们认为美是客观的，不是主观的；美的事物之所以美，是在于这事物本身，不在于我们的意识作用。但是客观的美是可以为我们的意识所反映，是可以引起我们的美感。而正确的美感的根源正是在于客观事物的美。”① 同样，艺术则是对于现实的认识的一种意识作用的创造，但它同样根源于客观现实。因而，蔡仪的唯物主义反映论美学，可以表述为：美在于客观现实事物自身的属性，而现实事物的美是美感的根源，也是艺术美的根源，因而反映论美学的本质必须通过客观现实才能得到正确把握。

（二）美是典型

既然，美在于客观事物的属性，美感是对美的认识，那么，怎样的事物才是美的呢，美的客观事物须具备着怎样的本质的属性条件呢，或者说美的本质是什么？这是需要在反映论上重新阐释和确认的问题。蔡仪通过对客观事物属性的分析，提出“美是典型”的本质观。

① 蔡仪：《美学论著初编》（上），上海文艺出版社1982年版，第237页。

蔡仪早在 1942 年的《新艺术论》中提出“美是典型”说，在 1947 年的《新美学》中原意沿用了“美是典型”说。蔡仪认为“美的东西就是典型的东西，就是个别之中显现着一般的东西；美的本质就是事物的典型性，就是个别之中显现着种类的一般”①。对此观点，蔡仪有反复表达，如“所谓美的就是典型的，典型的就是美的”②，“典型的东西是美的东西，美的本质就是典型的典型性”③，等等。

那么，何谓“典型”呢？蔡仪做了进一步解释：“以个别的东西充分地表现一般的东西，就是典型”④，“个别之中丰富地显著地具现着一般，就是典型”⑤。那么，美就是“个别里显现一般”的典型，也就是事物的本质真理的具体的体现。具体而言，“美的本质就是个别事物中显现着的种类的普遍性，美的事物就是种类的普遍性显现于其中的个别事物。也就是说，美就是美的本质表现于事物的特殊的现象之中”⑥，美的事物是个体性与普遍性的统一，美的事物本身体现了种类性的一般性、普遍性和必然性，“是种类的普遍性、必然性的显现者”⑦。简而言之，所谓典型，就是个性与共性的统一。当共性即种类的普遍性占优势时，该事物就是美的。

为什么典型的就是美的呢？这是蔡仪从认识论出发必然得出的结论，即美作为一种认识，和一般认识的目的一样，是为了更好地

① 蔡仪：《美学论著初编》（上），上海文艺出版社 1982 年版，第 238 页。
② 蔡仪：《美学论著初编》（上），上海文艺出版社 1982 年版，第 169 页。
③ 蔡仪：《美学论著初编》（上），上海文艺出版社 1982 年版，第 241 页。
④ 蔡仪：《美学论著初编》（上），上海文艺出版社 1982 年版，第 238 页。
⑤ 蔡仪：《美学论著初编》（上），上海文艺出版社 1982 年版，第 241 页。
⑥ 蔡仪：《美学论著初编》（上），上海文艺出版社 1982 年版，第 244 页。
⑦ 蔡仪：《美学论著初编》（上），上海文艺出版社 1982 年版，第 247 页。

掌握美的原则和规律，因而，更显著地表现着客观现实的本质、真理的典型的事物自然为美的。从唯物论的角度来看，美就是客观事物的本质、真理的一种形态，相对于对原理原则那样抽象的东西来说，它是具体的表达。

三 "新美学"的逻辑展开

从意识反映现实的反映论来看，此前的美学基本问题——美感和艺术美的问题，在蔡仪的客观主义美学里，则是美的存在（美）、美的认识（美感）和美的创造（艺术）的问题。在确立了美在于客观事物，美的本质是典型之后，蔡仪从意识反映客观现实的模式展开有关美、美感、艺术美的本质、分类等问题的分析。下面分三部分予以论述。

（一）美感的本质——"美的认识"

蔡仪坚持意识是对客观现实的反映这一原理，认为人的一切意识——精神作用都是认识，进而将美感确认为"美的认识"。美的认识（美感）在本质上也是人对客观现实的一种认识。"美的事物能给予美感，不用说是通过认识关系，若在认识论上不能适当地予以解决，美感论及艺术论便难正确地建立。"① 由此，从认识论出发，考察美感如何发生便成为蔡仪规定美感的根本路径。

从认识的全过程来看，"美感的发生，是由于事物的美或其摹写

① 蔡仪：《美学论著初编》（上），上海文艺出版社1982年版，第287页。

和美的观念适合一致”[1]。因为美的事物即典型的事物，所以美感如何发生的问题就是典型为什么能引起美感的问题。关键是何谓“美的观念”。美的观念不等于美感。美的观念是人们的意识就客观现实中各个种类事物的观察、分析、比较、综合而获得的，是认识的内容；而美感呢，则不能说是认识的内容，而是认识时的精神状态。何谓美的观念呢？美的观念“即主观精神的抽象作用和具象作用抽取同类的现实事物的本质的特征而构成的一种形象，这种意识中的形象就是对于这一类的东西的一个美的观念”[2]。“概念的具体性的发展，使认识的内容成为一个个别里显现一般的典型的形象，就是对于该事物的美的观念。”[3] 通俗地讲，“美的观念”就是概括事物的种类而获得的观念。之所以是美的观念，首先在于它反映了现实的一般的典型形象，也就是反映了客观现实的美，因而才是美的观念。

美感是认识时产生的一种精神状态，美的观念天生带有自我完全、自我充足的倾向。因而，“一旦遇着适合于这美的观念的典型的形象，这典型的形象便能够满足它的渴求，于是发生了所谓的美感，美的情绪”[4]。“这样的典型的形象对于美的观念的适合，对于美的观念的满足，对于美的观念的完成，所以能够引起我们的美的情绪。”[5] 因而，美感就是这样一种心理状态，它是一种由物的美与美的观念相契合后而来的愉悦。

---

① 蔡仪：《美学论著初编》（上），上海文艺出版社 1982 年版，第 287 页。
② 蔡仪：《美学论著初编》（上），上海文艺出版社 1982 年版，第 170 页。
③ 蔡仪：《美学论著初编》（上），上海文艺出版社 1982 年版，第 299—300 页。
④ 蔡仪：《美学论著初编》（上），上海文艺出版社 1982 年版，第 170 页。
⑤ 蔡仪：《美学论著初编》（上），上海文艺出版社 1982 年版，第 171 页。

（二）艺术美的本质——美的创造

蔡仪根据美是典型的本质观，将艺术美的本质确认为“美的创造”。在《新艺术论》中，蔡仪专门运用马克思主义理论对艺术进行了研究。从本质上来讲，艺术是通过人的意识作用的创作，因而也是一种认识。但它不是一般的认识，而是借助艺术的典型对现实的高度认识，不单单是对现实的单纯的反映，而是对现实的现象乃至本质的认识。所谓艺术，就是将现实典型化，“艺术就是作者对于现实从现象到本质作典型的形象的认识，而技巧地具体地表现出来的”①。

艺术对于客观现实本质的反映往往借由艺术的典型来传达。什么是艺术的典型？艺术的典型就是从芜杂繁多的客观现实中抽象、提取出来的普遍性的、代表性的一般性的类型，是我们的意识积极参与的结果。因为它是现实的典型，因而“艺术的典型高于现实的典型，就是艺术的美高于现实的美”②。但它根本上仍然是对客观现实的认识，根源于客观现实。

从艺术作为现实的反映出发，蔡仪坚持主张“为人生而艺术”的文艺观。首先，蔡仪批判了唯心主义观点：或认为艺术是心灵的创造，或认为艺术是对理念的摹写，或认为是无意识的流露，它们都否定了艺术与现实的作用。蔡仪认为，艺术是社会生活的反映，是对现实认识的一种表现。“艺术不是潜意识的发露，也不是幻想的成果，即是说不是超乎现实的，不是和现实隔绝的，而是客观现实

① 蔡仪：《美学论著初编》（上），上海文艺出版社 1982 年版，第 22 页。
② 蔡仪：《美学论著初编》（上），上海文艺出版社 1982 年版，第 173 页。

的反映，即作者对于客观现实的一种认识。”① 其次，艺术乃是美的事物的典型化，即现实典型的艺术化；艺术的典型比现实的典型更丰富、更集中、更高级，因而，艺术创作应该以反映现实的客观规律为目的，它应该是有目的的、具有功利性，反对所谓无目的、超功利的创作态度。他赞同“为人生而艺术”的文艺观。与之前王国维、蔡元培等的“无用之用”和鲁迅、朱光潜、宗白华等人基于文艺自主论上的功利说不同，蔡仪认为文艺在本质上反映现实，它直接作为功利性工具而存在。这就直接抽掉了文艺自主性。

（三）美学范畴的分类

因在美学理论展开的途径上与旧美学的根本不同，取客观现实而代意识，审美范畴也随之发生了改变。蔡仪认为，旧有的对于美学根源于人的主观意识，实则它们将“美”混同于“美感”；对于审美范畴的研究和优美、崇高的传统划分，实则是对于“美感”的研究，而忽略了有关美本身，更颠倒了其根源。因而，蔡仪就完全放弃了旧美学的优美、崇高等美学范畴，而依据唯物主义反映论，重新界定反映论美学的范畴类型。

因为美学领域包括了美、美感和艺术美三部分，所以蔡仪对三个领域分别进行分类。范畴分类的根本标准是根据美的本质——典型的程度和性质而定。“客观现实的种类范畴不同，典型的程度和性质也不同，美的程度和性质也有不同。”② 典型/非典型既成为断定

① 蔡仪：《美学论著初编》（上），上海文艺出版社 1982 年版，第 34 页。
② 蔡仪：《美学论著初编》（上），上海文艺出版社 1982 年版，第 169 页。

事物美/丑的标尺，也成为美学全领域划分种类范畴的最高标准和依据。

第一，美的种类。因为美在于客观现实，美是事物的典型，因而考察美的种类就是“从客观事物本身获得美的分类的标准，要从客观事物本身获得各种类的美的特征”①。也就是说，以“个别里显现一般”的典型为标准，将事物中凸显的个别的东西和一般的种类的东西进行孰优孰劣的判断，以一般性为优势，就是美的。从客观事物本身考察美的种类，则有两种标准。其一，按客观事物的构成状态可分为单象美（单纯现象的美）、个体美（完整个体的美）和综合美（个体综合的美）。其二，按客观事物的产生条件（人的参与程度）来考察，可以分为自然美、社会美和艺术美。按照各种美反映事物种类的普遍性的强弱程度，各种美的种类又有层级之分：单象美低于个体美，个体美低于综合美；自然美低于社会美，社会美低于艺术美。“一般地说，艺术的美高于自然的美，艺术的美感也应当强于自然的美感；高级艺术的美高于低级艺术的美，高级艺术的美感也应当强于低级艺术的美感。”②

第二，美感的种类。美感在本质上是美的认识，是对客观现实的认识，在本质上并没有不同，不同的仅在于美的对象和美的观念结合时，除了产生美感之外还伴随着感性、知性和感情等。也就是说，美感种类的区分在于伴随条件的不同。由此，可将美感形式分为两组：第一组是雄伟的美感和秀婉的美感；第二组是悲剧的美感和笑剧的美感。

---

① 蔡仪：《美学论著初编》（上），上海文艺出版社 1982 年版，第 312 页。
② 蔡仪：《美学论著初编》（上），上海文艺出版社 1982 年版，第 306 页。

所谓雄伟的美感和秀婉的美感，对应着西方美学或旧美学的崇高和优美。秀婉则是美感与其他的精神反应（顺受）的协调一致，雄伟则是美感与其他的精神反应（逆受）的冲突、矛盾。“秀婉的美感，是美的对象既引起我们的美感的愉快，又引起我们感性的快感或其他精神的愉快，于是全体说来，都是愉快的、一致的、调和的。而雄伟的美感，是美的对象一方面引起我们的美感的愉快，另一方面又引起我们感性的不快或其他精神的不快，于是全体来说，虽然是美感的愉快强烈，超过了那种不快，但在接受这刺激的时候，是抗拒的、混乱的、矛盾的。”①

悲剧的美感和笑剧的美感是艺术美扩充了的美感形式。雄伟的美感和秀婉的美感是现实美和艺术美都可以引起的，但悲剧的美感和笑剧的美感不是现实美所能引起的，它们仅限于艺术美。因为艺术是客观现实的典型的典型，因而，可以说悲剧的美感和笑剧的美感在情感形式上强于或弱于上一组范畴，即“雄伟以上的即悲剧的美感，秀婉以下的即笑剧的美感”②。

第三，艺术的种类。蔡仪从美的本质是客观事物的典型性观点出发，认为艺术乃是美的事物的典型化，即现实典型的艺术化；艺术的典型比现实的典型更丰富、更集中、更高级。因为艺术是对现实的典型性的艺术性提炼创造，因而，“艺术的种类就应该根据艺术所反映的客观事物的美的种类来分别”，③ 即“艺术的分类的正确标准，就是艺术美反映的客观现实的这种美的种类。于是艺术便有：

---

① 蔡仪：《美学论著初编》（上），上海文艺出版社 1982 年版，第 358 页。
② 蔡仪：《美学论著初编》（上），上海文艺出版社 1982 年版，第 361—362 页。
③ 蔡仪：《美学论著初编》（上），上海文艺出版社 1982 年版，第 370 页。

一是反映单象美的艺术（音乐、舞蹈、建筑、图案）；二是反映个体美的艺术（绘画、雕刻）；三是反映综合美的艺术（文学）。这三种客观现实的美是不同的，反映客观现实的这三种美的艺术也便是不同的”①。

四　方法论基础

在方法论上，反映论美学对于审美经验的一般性分析是基于反映/被反映的关系模式向客观事物的“真”值还原。从认识论的角度出发，蔡仪认为哲学是“关于存在和认识的发展的法则之学，在认识客观存在之上，并要求改造客观存在”，由此，推断美学是“关于美的存在和美的认识的发展的法则之学，在认识美的存在之上，并要求改造美的存在，而创造艺术”②。因此，以存在/意识的反映/被反映的关系模式作为展开“新美学”理论建构的构架，关于美、美的本质、美感和美的关系、艺术美以及审美范畴等美学基本问题的论证，其根本的问题在于寻找美的认识的法则，而这法则的最终来源都扭结在客观现实的“真”。也就是说，蔡仪客观主义美学对于美学问题的论证分析最终都回到事实本身来寻找根据。

以美感的分析为例。从上章对康德美学的论述可知，康德对于美感的分析，是从具体的审美经验出发，从质、量、关系、模态对表象对象和情感之间的关系进行一步一步地分析、反思、纯化，最后分析得出美感最一般的形式。这是一种广义上的现象学还原。而

① 蔡仪：《美学论著初编》（上），上海文艺出版社 1982 年版，第 370—371 页。

② 蔡仪：《美学论著初编》（上），上海文艺出版社 1982 年版，第 370—371 页。

蔡仪对于美感的分析，即美的认识如何产生美感的考察，是关联客观事物的美或摹写与美的观念的相遇如何产生美感，它是“美的认识”，在根本上是意识（美的观念）是否真实反映了客观现实（事物的美），对于美感一般性形式的内在自我反思推求变成了反映/被反映的事实“真”值的判断。

另外，关于美的一般性形式的分析，在客观主义美学这里变成对客观现实事物自然属性的科学主义的分析论证。它对于美的一般形式——典型的推求，遵循的是认识事物的规律、法则的目的性标准，体现为客观事物个别中所体现真理（典型）的程度的衡量。艺术美和美感一样，作为一种基本的认识活动，艺术美的一般性形式的自我反思性分析被置换成对于真实的集中反映。因而，无论是美、美感、艺术美，都根源于客观现实；对于美、美感、艺术美普遍必然性的分析性展开，被置换为与客观现实有关的反映/被反映的认识关系。

五　学科视野的认识论转向

蔡仪美学作为顺应时代发展的需求而建构的美学体系，“试用唯物主义原则考察美学上的基本问题，并批判唯心主义的旧美学，为新美学的前进扫清道路”①。问题是，作为社会革命的产物，蔡仪“新美学”的形成并不是自发的、从美学思想内部进行的自我反思，而是由外部的革命现实需求推动而致，是特定时代的工具论美学。可以说，由外力催生的认识论美学，从一开始就偏离了审美自律性

① 蔡仪：《蔡仪美学论文选》，湖南人民出版社，1982年版，第1页。

的学理要求。蔡仪“新美学”不但从内容上以唯物论对唯心主义的美学思想进行批判和否定，而且，它将所有关于美的本质、美学范畴、美感、艺术等美学基本问题纳入认识论的关系视野中进行展开，导致美学范式的整体转变。

总的来看，蔡仪的客观主义美学是对前此审美自律论的反向否定展开上的建构，从根本的人性论基础、研究对象、方法论基础等，进行全面而彻底的从唯心到唯物的置换。这一置换，中断了前此中国现代美学学科知识建构的路径。就美学理论而言，将马列主义的反映论在美学领域的直接套用，以主客认知的关系模式作为美学问题展开的基本框架，将审美活动、审美体验作为一种认识活动来分析，纳入存在/意识的认知关系模式中来分析美/美感/艺术。问题是，抽去了表象—审美关系的视野，审美的“美”（康德所谓“普遍必然性”）就失去了能够内在地规定自身并直接显明自身的现象学根据。“美”应该从哪里来找寻呢？当审美经验的一般性分析借助认识论的术语、架构、逻辑来进行时，它就置换了美学自身的话语，脱离了前此自律性美学的学科视野，从审美视野进入了认知视野。这一理论完成的标志——《新美学》的最大意义，就在于促成了反映论的认知视野对普遍人性论的审美视野的根本取代。这是中国现代美学史上美学学科视野的首次挪移。

从中国现代性思想的发展历程来看，蔡仪的工具论美学可以说是对19世纪末20世纪初梁启超的革命主义路线的延续。梁启超在1898—1907年，发表了一系列文章倡导文界革命、诗界革命、小说界革命，合称“三界革命”。梁氏的“三界革命”不但可谓20世纪中国文学革命的开端，而且堪称20世纪中国文学工具论的“始作俑者”。因为“三界革命”彻彻底底昭显的是一条政治化的文学革命之路。“这一思路的显著特征是：立足于政治现代性追求而论证现代政治革命的优先性，从而确立为政治革命而文学革命的工具性思路。”[①] 因而，“由梁氏开其端的文学革命与其说是文学性的，还不如说是政治性的，它对传统的文学观念本身并无什么改变，改变的只是其政治内涵”[②]。

稍晚于梁启超的王国维则为文学革命提供了另一思路——文学自主的思路。这一思路受西方艺术现代性追求的启示而专注于文学的自主自律性问题，从而与传统诗文论的工具性信念发生了根本冲突。余虹曾将二者确切地概括为中国20世纪文学演进的两种基本形态：革命工具主义和审美自主主义。[③] 二者作为中国现代性的两条红线，一直交织缠绕着，或隐或现，贯穿于中国百年来的现代性进程中。

蔡仪“新美学”树立的中国马克思主义美学形态，是以马克思主义反映论的认识论为基石，“它是马克思主义本身的批判性、革命性和实践性在艺术—美学领域中的体现”[④]。这一美学形态和美学观一直占据着中国美学的主流地位，直至“文化大革命”结束。该美学观之所以具有顽强的生命力和号召力，是因为它与时代背景以及与该时代相契合的理论密不可分。也就是说，反映论美学背靠着强大反映论（马、恩、列、毛到卢卡奇），而反映论是中国20世纪革

① 余虹：《革命·审美·解构》，广西师范大学出版社2001年版，第9页。

② 余虹：《革命·审美·解构》，广西师范大学出版社2001年版，第9页。

③ 参见余虹《革命·审美·解构》，广西师范大学出版社2001年版。

④ 李泽厚：《美学四讲》，《李泽厚十年集》（第一卷），安徽文艺出版社1994年版，第440页。

命—战争年代意识形态宣传最需要的理论形态。进一步来讲，理论与时政的结合是中国思想界近一个世纪的基本现状或主线（这里又涉及中国现代性进程中的两条缠绕的主线——革命主义与审美主义）——“文艺为政治服务”的写照。

第四章　实践美学审美视野的错位及其原因

众所周知，中国大半个世纪以来的美学都在由马克思主义认识论所开启的思想视域中展开。在20世纪40年代，以蔡仪为代表的美学家初步将马列主义的认识论思想运用到美学领域，以哲学上的唯心/唯物为标准贯穿到有关美的分析当中，对以朱光潜为首的所谓唯心主义美学家展开了批判，在此基础上建立了与唯心主义美学相区分的“新美学”。“新美学”的理论范式的“新”在：基于认识论的关系模式展开美的分析，审美被看作认识活动的一种，美和美感则是这种认识的结果，而美（客观事物）和美感（对美的反映）之间则是一种反映和被反映的关系。由此，将哲学上的认识论原理照搬到美学领域，形成了统治中国长达近半个世纪的认识论美学。在20世纪50年代开始的“美学大讨论”中，实践论美学出场了。

到80年代“美学热”中，实践论美学体系日渐成熟，逐渐占据主导地位。当时的高校课堂大多是依据实践论美学理论观点和体系建构为原理编撰，代表性的有王朝闻的《美学概论》（1981）、杨辛和甘霖合著的《美学原理》（1983）、刘叔成等合著的《美学基本原理》（1984）等。“在整个20世纪八九十年代，实践美学原理这个中国式的美学学科体系得以定型并占据学界的主导地位，形成一家独大的学术影响。”①

本章选取实践论美学的领军人物李泽厚为代表，首先着重对李泽厚早期实践论美学思想视野进行考察，分析它对于认识论美学范式的推进，接着结合李泽厚整个实践美学的审美视野建构情况，具体分析它如何导致了中国现代美学在学科视野上的第二次扭曲，最后对扭曲的可能性原因展开分析。

第一节　从反映论到实践论的视野承续

由前面论述，从蔡仪的“新美学”开始，中国现代美学形态表现为反映论美学，它是以认识主客体的基本关系作为其美学问题展开的框架。在反映论美学范式中，审美也是认识的一种形态（尽管不是高级形态），而美正是这一认识形态的产物。因此，由认识论而来的认识的主客关系、本质与现象的关系、认识心理结构等问题，就全部被认识论美学以与美学相关的方式接收了过来。中国当代认识论美学中争论最为激烈的问题，美的主客观问题、美感问题、美

① 祁志祥：《中国现当代美学史的整体走向与时代分期》，《社会科学战线》2018年第6期。

的规律问题、艺术美与自然美的问题、“典型”的问题等都来自认识论的基本框架。总体上，将审美活动的分析归入主客认识的关系视野，将审美活动错置在认识领域，严重扭曲了现代西方美学确立的美学学科视野。

可以说，正因为反映论美学学科视野是认识论的，所以才可能在同一种思想视野中产生两种截然相反的美学观点——唯心主义美学（吕荧、高尔泰）和唯物主义美学（蔡仪）。他们都坚持唯物论，认同反映论，认同意识是对现实的反映，所以唯心主义美学观认为，美作为一种反映现实意识，它就应该是主观的，从而将美归结到人的主观意识；客观主义美学观则认为，美作为对现实的反映，它就应该以客观事物为准，因而应该是客观的，从而将美归结到客观事物的自然属性上。于是，在同一范式中两种不同的理论永无休止的论争终究无果，它要求走出反映论美学的范式。

实践论美学的审美视野

实践论在美学上的根本创新是：将前此的认识论美学转变为实践论美学。从第一章对实践美学思想视野基本构成的分析中可知，实践论美学将美学问题放在实践主客体关系之中，从实践主体征服实践客体，即从肯定人的主体自由的角度来分析美学问题。因此，与认识论美学不同，实践论美学从实践的基本关系中推演出美、美感和艺术等问题，所以关于美的基本命题都不再是机械客观、与人无干的存在，而是与人类主体性的高扬密切相关。下面从三个角度予以讨论。

（一）美学大讨论：实践论美学出场的语境

纵观50年代在激烈的争辩中热烈展开的美学大讨论，可谓理论观点层出不穷，波及领域甚广，但这次大讨论的理论问题是相对集中的，主要围绕在以下三个问题上：其一，美的哲学基础问题，也就关于美是主观的还是客观的问题；其二，美和美感的关系问题，美是否是认识的问题；其三，艺术美、自然美的问题。其实，后面所有的问题都是因第一个问题而来，即美的哲学问题。美的哲学问题决定了其他问题的逻辑演绎。

第一，美的哲学基础。这个主观/客观的哲学基础就是马克思主义哲学。自20世纪20年代前后从日本引进马克思主义思想，其革命斗争思想的一面迅速被国民采纳并发扬光大。随着民族解放战争的加剧，中国转向苏联汲取马列主义理论资源，革命思想得到不断强化。从马克思、恩格斯、列宁、毛泽东等，经过一系列的解读和重申，发展出成熟的唯物论思想。随着40年代蔡仪创立“新美学”，马克思主义的唯物论思想便逐步地取代了资产阶级的普遍人性论，成为反资反封的强大思想基础。高尔泰、蔡仪、朱光潜、李泽厚等人在思想上都一致坚持马克思主义的哲学地位，但在关于美是主观/客观这一美学领域的具体观点产生了分歧，也正是这一点，导致了他们美学观的根本分歧。高尔泰明确表态“美是主观的”，是人主观的审美感受；蔡仪坚决坚持美是客观现实事物的自然属性，与人毫无瓜葛；朱光潜认为，美是主客体的统一，审美对象是客观的，但人的审美感受是主观的；李泽厚认为，美是客观的，但它不是客观事物的自然属性，而是实践中满足了人的目的需求的客观现实事物的形式。高尔泰和蔡仪的美学观点显然是走了两种极端，朱光潜和李泽厚则在坚持唯物论的基础上相对复杂地分析了美的本质，区别在于，李泽厚认为美在实践中客观事物的形式，朱光潜则认为美在审美活动中主体的审美感受。

第二，美和美感的关系。美和美感的关系问题，是对美是主观还是客观问题的延续，也是认识论美学的关键问题。一种美学把审美活动当作认识活动来分析探讨，并借助哲学认识论的术语、架构、逻辑来解释美时，它就成了认识论美学。一如李泽厚精确的概括："正由于高度重视和主要着眼于艺术对现实生活和革命斗争的实际效用，从而强调艺术对现实生活的某种模写、反映、认识，便成了基本美学理论。"① 对于作为上层建筑的意识而言，只能是对于现实的反映和模写、再现，那么，在关于美和美感的关系上，自然也遵循意识反映客观现实这一反映/被反映的关系模式。确定美感的性质成为继美是主观还是客观之后美学理论自身最为重要的问题。李泽厚的首篇美学文章《论美感、美和艺术》一文从美感入手，原因也正在这里。在高尔泰看来，美感即美，是人的纯主观意识的愉悦；蔡仪认为美感是对事物属性中典型的直接反映、认识；朱光潜认为美感即客观事物激发人的情感的愉悦；李泽厚认为美感是人在实践当中因为合规律性与合目的性的统一而产生的审美感受，它是对客观现实形式美的反映，美仍然是一种反映客观现实的认识。

第三，艺术美的问题。在李泽厚看来，艺术美是对现实美的反映。这在根本上仍然坚持了意识对物质的反映原理。进而，由物质

① 李泽厚：《美学四讲》，《李泽厚十年集》（第一卷），安徽文艺出版社 1994 年版，第 440 页。

决定意识的唯物论出发，经济基础决定上层建筑，必然强调文艺的社会效应。李泽厚清晰地梳理了马列主义理论中的文艺功能观念："马克思提到巴尔扎克小说的认识功能，恩格斯提出'典型环境中的典型性格'，列宁认为托尔斯泰是'俄国革命的一面镜子'，毛泽东要求为工农兵、写工农兵，卢卡契更从学术上详细论证了艺术起源于巫术，它模拟现实，作用于现实"①。毛泽东在《在延安文艺座谈会上的讲话》中，明确提出"文艺为政治服务"的口号，将文艺的社会效应推向了极端。"从马、恩、列、毛到卢卡契，反映论的认识论成了马克思主义美学的基石。"② 因而，在马克思主义终极理论语境下的美学理论本质，只能是社会功利性的。

实践论美学是在批判反映论美学的斗争中建立起来的，它虽然还属于认识论美学，但它在哲学的高度上，从主体的生成建构出发，通过研究人，揭示人的本质，进而再来研究人所具有的独特的审美现象，探究美的根源、美感的本质、审美的发生以及艺术特征等。这种思维方式显然区别于早期认识论美学，而具有了独立形态的意义。

（二）"社会性与客观性统一"的实践论美学

由第三章的论述可知，蔡仪"新美学"坚持马克思主义的反映论，认为美在于客观事物的自然属性，美感是对美的反映，艺术美是生活美的反映，因而主张从客观现实事物去考察美，去把握美的本质。显然，蔡仪的静观唯物主义完全忽视了人的主观能动性。"蔡

① 李泽厚：《美学四讲》，《李泽厚十年集》（第一卷），安徽文艺出版社 1994 年版，第 440 页。

② 李泽厚：《美学四讲》，《李泽厚十年集》（第一卷），安徽文艺出版社 1994 年版，第 440 页。

仪美学的根本缺陷，我们觉得，首先在于缺乏生活—实践这一马克思主义认识论的基本观点。”① 由此，李泽厚立足马克思“人类社会生活的本质是实践的”这一原理，将“实践”一维引入马克思主义认识论，将反映论改造为实践论。20世纪80年代，“在反映论的认识论框架被抛却之后，实践论被普遍看成是马克思主义的真实支撑”②。李泽厚从马克思“人类生活的本质是实践的”这一理论前提出发，将生活—实践这一“社会性”加入主客观的反映论中，并将实践作为考察美的出发点，使作为上层建筑的美感、艺术美等摆脱作为客观现实的呆板机械的反映，为人的主观能动性留出空间。从而，坚持从人类的社会生活实践中考察美的本质，即主观实践和客观现实的相互作用中考察美的本质，既保证了美、美感的客观性，同时也避免了唯心主义倾向。这即是所谓“美的社会性与客观性的统一说”。下面分三部分论述。

首先，客观性。李泽厚区分了人的能动性包括意识能动性（从感性认识到理性认识的能动的第一个飞跃）和实践能动性（从理性认识到实践的第二个飞跃），“意识仅仅只是主体内部活动的属性，并不客观地作用于外界，它不具有直接现实性的品格；相反，实践则不仅是一种有意识有目的的活动，而且还客观地作用于外界，实际地变化着外界……所以，具有主观目的、意识的人类主体的实践，实际上正是一种客观的物质力量”③。由此区分，李泽厚将人的能动性落实在客观层面，并借此展开对朱光潜的批判。李泽厚在批判朱

① 李泽厚：《〈新美学〉的根本问题在哪里?》，《美学论集》，上海文艺出版社1980年版，第121页。

② 吴兴明：《实践哲学遮蔽了什么?》，《文艺研究》2007年第8期。

③ 李泽厚：《美学三题议》，《美学论集》，上海文艺出版社1980年版，第153页。

光潜片面地将人的能动性等同于意识能动性，从而认定其美学观点依然笼罩在唯心论的阴影之下。

其次，社会性。为克服蔡仪的静观唯物主义，即把人的意识活动、上层建筑统统看作对客观现实的机械反映，而抹杀了人的能动性，李泽厚提出了“社会性”这一论题。就美而言，李泽厚认为，美不是客观事物的自然属性，它仅是美的必要条件，自然事物之所以美，在于客观事物本身深层次地显示着它对人的实践的肯定性质——人类掌握客观规律改造自然的结果，即“自然的人化”。可见，不同于蔡仪的静观唯物论，将人的意识的全部问题附属为物质的反映、经济基础的上层建筑，完全泯灭了“人”的存在；也不同于朱光潜代表的主客观统一派，过于强调人的主观能动性而混淆主观和客观的分界，根本上仍带有普遍人性论的倾向。李泽厚也承认主观意识的能动性，不同的是他将人的主观意识放置在人实实在在的实践活动当中。这即是能动的反映论，即实践论。李泽厚的整个哲学体系可谓都是在此实践论基础上的生发。

最后，二元对立的结构框架。不难看出，李泽厚将美的发生放在实践过程当中，由实践的统一去努力避免美学基本问题上的主客二分。但他早期的美学理论因为是在主体作用于客体的认知视野中，二元对立概念依然成为他美学理论中的基本形式。例如，在首要的哲学基础上，美学大讨论就是在主观/客观这对范畴上僵持不下，实践论美学的观点也将摆明立场作为首要的任务，并将主观/客观的姿态在美学理论中保持到底。还有，在美和美感的问题上，以马克思主义认识论为基础的反映论美学和实践论美学一致将以往的美感问题割裂成客观现实的美和主观心理的美感，而且这一割裂是基于更深层次的二元对立关系：主观/客观，物质/意识，反映/被反映等认识论的范畴。其他的还有理性与感性、社会与个体、人类与自然等诸多对立的二元范畴，一直贯穿在实践美学当中。可以说，关于实践论美学的基本问题，如美和美感、艺术美的关系，文艺创作中形象思维和逻辑思维的问题等，莫不是在二元对立的关系模式中展开。就这一点而言，李泽厚没有蔡仪那么直接地将主观和客观、感性和理性、现象和本质等范畴截然对立，但他依然遵循着这种二元对立的结构。

（三）哲学基础内部的变更：反映论到实践论

纵观大讨论虽热闹纷呈，但议题非常明了单一：主观/客观以及围绕这个本质核心而延伸的各种有关美学议题。“美是主观的还是客观的还是主客观的统一，这个所谓美学的哲学基础问题”① 是美学大讨论展开的内在逻辑起点。与蔡仪建立在反映论上不同，李泽厚建立在实践论基础上的美学观呈现独特的一面：美、美感、艺术美都是客观的，但又都有主观的一面，因而是双重性的；美感是对美的反映、摹写，是一种认识，艺术美是对现实美的反映、摹写，是美的集中表达；美分为自然美、社会美，美感分为优美、崇高、悲剧等，这些范畴的划分都是依据实践过程中合规律性与合目的性的统一而来，美的分类依据客观事物形式和社会内容的统一，美感的分类则由统一的不同样态而来；等等。李泽厚将美学的哲学基础建立在马克思主义的实践论上，既坚持了马克思主义的唯物论立场，

① 李泽厚：《美学三题议》，《美学论集》，上海文艺出版社 1980 年版，第 150 页。

同时为人的能动性留下一定的空间。在三足鼎立的美学格局中，李泽厚作为后生晚辈之所以能脱颖而出，就在于他的美学理论本身。可以说，是马克思主义的实践论从哲学根源上为实践论美学的诞生提供了纵深的哲学背景支撑，马克思主义认识论的主观/客观的二元对立模式又为实践美学理论的内在规定性分析提供了关系框架，可谓马克思主义实践论在实践论美学诞生之初就决定了它的学科视野。

从李泽厚关注美学领域的发展轨迹和他的理论表述来看，其美学研究自始至终不过是其哲学观的表达或落实。从最早的美学文章《论美感、美和艺术》（1956 年）到最后一部美学终笔之作《美学四讲》（1989 年），都以美学理论观点阐释着李泽厚本人的实践哲学观。关于这一点，李泽厚直言不讳。他在其第一篇关于美的文章《论美感、美和艺术》中，从美感开始论述，而不是从美开始论述，原因即在“美学科学的哲学基本问题是认识论问题。美感是这一问题的中心环节。从美感开始，也就是从分析人类的美的认识的辩证法开始，就是从哲学认识论开始，也就是从分析解决客观与主观、存在与意识的关系问题——这一哲学根本问题开始”[①]。关于这一点，李泽厚曾在《关于当前美学问题的争论》中，明确表示了唯物论哲学对于美学领域的强制性。他认为，当前有关美学是主观还是客观的争论“这一问题实质上就是在美学上承认或否认马克思主义哲学反映论的问题，承认或否认这一反映论必须作为马克思主义美学的哲学基础的问题”[②]。纵观《美学四讲》的体系结构，亦如是。

① 李泽厚：《论美感、美和艺术》，《美学论集》，上海文艺出版社 1980 年版，第 2 页。

② 李泽厚：《关于当前美学问题的争论》，《美学论集》，上海文艺出版社 1980 年版，第 65 页。

首先看《美学》这一章各个小节的标题："第一节 美学是什么""第二节 哲学美学""第三节 马克思主义美学""第四节 人类学本体论的美学"。从标题中的关键词"美学""哲学美学""马克思主义""人类学本体论"这几个词汇来看，不难见出李泽厚一贯的从哲学到美学的形而上之路。

从20世纪40年代到新时期，如果说其他人被迫将美学理论纳入唯物论的哲学思想框架之下的话，那么，李泽厚则是非常自觉地运用哲学思想来建构他的美学，或者说他的美学理论只不过是他哲学观的一个注脚。如果说李泽厚早期的美学观还是唯物论哲学观的被动反映，那么，后期的实践美学思想则是对他的主体性实践哲学的自觉靠拢。

如果说蔡仪的"新美学"开启的马克思主义美学，依靠马克思主义后期革命的、批判的理论作为哲学支撑的话，那么，李泽厚开创的主体性实践美学则转向马克思的早期作品（《1844年经济学—哲学手稿》）寻找理论资源；如果说前者是从无产阶级事业的角度出发来研究美和艺术，那么，后者则是从人类总体的物质文明和精神文明的成长建设的角度来对待和研究美和艺术的。前者在于革命、批判，后者在于建设；前者是从外部描述、探讨艺术作为社会现实的反映、艺术作为上层建筑、艺术与生活、艺术与政治等艺术与诸多社会因素的关系，外在地把艺术归结为为生活服务；后者则试从人的心理着手，分析考察审美经验和艺术现象，"把艺术与生活与政治的外在一般论断，转变为、了解为内在的过程……这就也把艺术与生活的关系，反映和反作用的原理真正落实到审美心理的实处”①。

但就整体来看，客观派、主客统一说和社会性与客观性统一说这三派的美学观虽然迥异，它们却又有着高度一致的地方——对马克思主义认识论的思想视野的遵从，在主体作用于客体的认知关系视野中展开美学理论的分析。他们的区别仅在于，蔡仪仍在维护他40年代形成的机械论美学观及其反映论的哲学观，包括哲学层面、审美经验层面的论述，朱光潜则相对侧重于审美问题本身而展开的美学修正话语，而李泽厚则从哲学层面的高度对美学的一种本质式俯瞰。从静观唯物主义到主观能动的唯物主义，从反映论美学到实践论美学，它不但表示美学哲学基础的变更——从马克思主义的革命哲学到马克思主义的实践哲学的变更，也指向了美学的思想视野的变更——从反映论到实践论。但这种变更仅限于马克思主义认识论的内部调整，无论是反映论还是实践论，都依然是在实践哲学的认知视野之内。这也是美学大讨论中三大派别虽理论观点极端冲突而学科视野又极其相似的原因。这一时期可谓马克思主义理论对非马克思主义理论的“清洗”，因而，大讨论中虽是“百家腾跃，终入环内”。

① 李泽厚：《美学四讲》，《李泽厚十年集》（第一卷），安徽文艺出版社1994年版，第445页。

第二节　实践美学审美视野的扭曲①

就美学领域而言，李泽厚与蔡仪的美学观都在马克思主义的框架中展开，但李泽厚试图从马克思早期的"自然人化"说来分析审美活动，实则是为了由"自然人化"这一理论资源引入关于"人"的维度。80年代的主体性实践哲学和对康德"主体性"概念的引用直接印证了李泽厚在50年代的实践论美学努力的方向。可以说，李泽厚早期美学作品《论美感、美和艺术》（1956年）、《美的客观性和社会性》（1957年）、《〈新美学〉的根本问题在哪里?》（写于1959年，发表于1980年）、《美学三题议》（1962年）等就是在批判蔡仪的认识论美学的基础上建立起来的。下面分四部分予以论述。

一　美的本质

从实践论出发，李泽厚明确将美的本质确认为——"合规律性与合目的性的统一"，即真与善的统一。这一本质可以说是马克思主义认识论的直接推演。

从实践论出发，李泽厚认为把握美的本质的基本途径是"从现实（现实事物）与实践（生活）的不可分割的关系中，由实践（生

① 本章第二节和第三节部分内容，已经作为《中国现代美学学科视野的建构及其延伸》发表在《中外文化与文论》2012年第22期。

活斗争）对现实的能动作用中来考察和把握”①，即从人的主观实践与客观现实的相互作用中把握美的本质。“从主体实践对客观现实的能动关系中，实即从‘真’与‘善’的相互作用和统一中，来看‘美’的诞生。”②

关于美的本质，与李泽厚的实践论哲学观一样，是在论辩中逐渐清晰显现并最终系统完整地表述出来。在最早的《论美感、美与艺术》一文中，李泽厚提出了著名的“美感的二重性”（美感的主观直觉性和客观社会性）命题，与之相对应的“美的客观社会性和具体形象性”；《美的客观性和社会性》提出“美是社会性与客观性的统一”（“主客观的统一”）；《〈新美学〉的根本问题在哪里?》进一步确认“美的本质就是现实对实践的肯定”③，等等。这几篇较早的文章中关于美的本质的表述虽然不一，但以实践为根本的内在理路是一致的。

在《美学三题议》一文中李泽厚对美的本质进行了较为详细的描述：“（一）现实世界是客观存在，它独立于人类主观之外，具有不依存于意识、意志的客观必然性，名之曰‘真’。……（二）人类作用于现实世界的感性物质力量，是一种有意识有目的的实践活动，具有不同于动物的社会普遍性质，名之曰‘善’。……（三）……‘实现了善’（对象化的善）与人化了的真（主体化的真），便是‘美’。……‘美’是‘真’与‘善’的统一。”④同样

① 李泽厚：《〈新美学〉的根本问题在哪里?》，《美学论集》，上海文艺出版社 1980 年版，第 144 页。

② 李泽厚：《美学三题议》，《美学论集》，上海文艺出版社 1980 年版，第 161 页。

③ 李泽厚：《美学三题议》，《美学论集》，上海文艺出版社 1980 年版，第 147 页。

④ 李泽厚：《美学三题议》，《美学论集》，上海文艺出版社 1980 年版，第 161—162 页。

的话，在稍后的《谈美》中得到如下表述："我把自然界本身的规律叫做真，把人类实践主体的根本性质看成善。当人们的主观目的按照客观规律去实践得到预期效果的时刻，主体善的目的性与客观事物的规律性就交会融合了起来。真与善、合规律性与合目的性的这种统一，就是美的本质和根源。"① 在之后的美学论著如《关于崇高与滑稽》《美学四讲》中，李泽厚一直沿用"合规律性与合目的性"这一美的本质的表述。可以说，关于美的本质——真和善的统一，合规律性与合目的性的统一——这一本质表述始终贯穿在李泽厚整个美学生涯。

美的本质又被表述成"美是自由的形式"，实践又还原为马克思的"自然的人化"理论中。这样，就顺利地将美学与"人"密切联系了起来。因为，"自由"即人的本质，"自由的形式"是美的本质。"自由形式作为美的本质正是这种人类实践的历史成果。"②

相对于康德的超功利的美的本质，李泽厚实践论的美的本质则显示出功利性与非功利性的融合特征。"无目的的合目的性"是在非概念、非逻辑的想象力中达到的沟通认知和道德领域的无痕迹的中介，这种沟通是一种无功利、无目的的美感。与之相反，"合规律性与合目的性"的美的本质，则实实在在地落在人对自然的征服和改造的实践中，其中"合规律性"则是指主体化的"真"，"合目的性"是自然肯定人的实践，达到人对自然的改造的目的，对象化的

① 李泽厚：《谈美》，《李泽厚哲学美学文选》，湖南人民出版社 1985 年版，第 465 页。这一表述同样出现在《谈美》《美学四讲》中。参见李泽厚《谈美》，《李泽厚哲学美学文选》，人民出版社 1985 年版，第 465 页；李泽厚《美学四讲》，《李泽厚十年集》（第一卷），安徽文艺出版社 1994 年版，第 470 页。

② 李泽厚：《谈美》，《李泽厚哲学美学文选》，湖南人民出版社 1985 年版，第 167 页。

“善”。现实和规律都成为人化的，都是对人类有用有利有益，不折不扣地打上功利色彩。虽然美感二重性（主观直觉性和客观社会性）、美的具体形象性和客观社会性，都保留了超功利、无所为的一面，但李泽厚在这些表面现象下面种下实践的功利性，从而实践论美学成为对自康德以来“无目的的合目的性”的超功利审美观的绝对颠覆。

值得注意的是，李泽厚的实践论美学范畴，如美、美感、艺术美等，都带有二重性。例如，李泽厚的著名命题“美感二重性”（主观直觉性和客观社会性）及美的两种特征——具体形象性和社会客观性。一方面，与蔡仪不同，李泽厚承认了诸如直觉、形象等这些感性、直观等事实上存在的因素，是对非功利精神的一定继承；另一方面，又将客观社会性作为前者（主观直觉性、具体形象）的基础、基元，第一性的，从而又将社会的功利性作为根本。这里，虽然是以社会功利性为根本，但显然，这一美的本质仍是“合规律性与合目的性的统一”。可见，李泽厚对功利与非功利审美精神的糅合。这是否也可以看作对蔡仪机械唯物主义下的反映论美学的反拨和对蔡仪“新美学”之前非功利美学精神的回溯？

二　逻辑展开

美的本质确定下来后，有关美学对象、美学范畴、方法论基础，具体到美、美感、艺术美的本质、范畴分类等具体观点，整体上美的哲学、审美心理学、艺术社会学这三大美学研究领域等都围绕着“合规律性与合目的性的统一”即美的本质而逻辑地展开。换句话说，有关美学范畴和审美经验的表述均是实践论在美学领域的落实和演练。

具体地展开为：美的本质，美的范畴；美感的本质，审美过程，美感范畴；艺术美的本质，艺术创作，艺术美分类等。在《论美感、美和艺术》中，李泽厚对三者之间的关系做了清楚的定位："美具有不依存于人类主观意识、情趣而独立存在的客观性质。美感和美的观念只是这一客观存在的反映、模写。美是第一性的，基元的，客观的；美感是第二性的，派生的，主观的。"[①] 他认为，美感是美的反映，"艺术美是现实美的模写和反映，又是现实美的集中提炼"[②]。此不详述，仅就美的哲学范畴做粗略的考察。

"美学范畴是与美的本质紧相联系的，它们是美的本质的具体展开。对美的本质的不同哲学理解，自然会对诸美学范畴作不同或相反的解释。"[③] 在实践论的美学观中，与反映论一样，美依存于客观现实的自然属性；不同的是，反映论将美的本质归结为客观现实的自然属性，作为对美的反映的美感的优美、崇高等范畴的差异归结为生物学、生理学的原因；实践论美学则认为，自然属性仅仅是美的必要条件，美的本质还须从生活—实践当中寻找。与蔡仪从现实事物的自然属性来为美的范畴划界不同，李泽厚从"合规律性与合目的性的统一"的实践论审美本质出发，将美区分为社会美和自然美两大类。

① 李泽厚：《论美感、美和艺术》，《美学论集》，上海文艺出版社 1980 年版，第 21 页。

② 李泽厚：《论美感、美和艺术》，《美学论集》，上海文艺出版社 1980 年版，第 32 页。

③ 李泽厚：《关于崇高与滑稽》，《美学论集》，上海文艺出版社 1980 年版，第 198 页。

第一，美的范畴。一般地讲，社会美是美的内容，自然美是美的形式。具体来讲，在人类漫长而艰辛的生活实践过程中，“一方面，‘真’主体化了，现实与人的实践、善、合目的性相关，对人有利有益有用，具有了社会功利的性质，这是美的内容；另一方面，‘善’对象化了，实践与现实、真、合规律性相关，具有感性、具体的性质，‘具有外部的存在’，这是美的形式”[①]。就实践主体而言，主体实践活动的美的实质在于它的合规律性，即真成了善的内容；对客观对象而言，善却成了内容，自然事物的美的本质在于它的合目的性，即善成了真的内容。前者即社会美，后者即自然美。或者说，社会美偏重美的内容，自然美偏重美的形式。“就内容言，美是现实以自由形式对实践的肯定；就形式言，美是现实肯定实践的自由形式。”[②]

社会美作为主体实践的美，它首先存在于活生生的实践活动当中，然后才显示为静态的产品。因而，“社会美正是美的本质的直接体现”[③]，而且具有不同历史尺度和表现：从动态过程到静态成果、历史尺度、技术工艺和生活韵律的历史性特征。所谓“自然美”与大自然的美不完全一样，它既包括具体自然物的美，还包括净化了的自然美，即形式美。

第二，美感范畴。在主体实践与客观现实的斗争过程中，“崇高、优美、滑稽、悲剧便是这种矛盾统一的各种具体不同的形

① 李泽厚：《美学三题议》，《美学论集》，上海文艺出版社 1980 年版，第 163 页。
② 李泽厚：《美学三题议》，《美学论集》，上海文艺出版社 1980 年版，第 164 页。
③ 李泽厚：《美学四讲》，《李泽厚十年集》（第一卷），安徽文艺出版社 1994 年版，第 471 页。

态”[①]。换个表述，即“美的本质在人们改造现实的能动的生活、实践之中，主张从主体实践对客体现实的能动关系去探求美的本质，认为美的本质是真与善的统一、合规律性与合目的性的统一。从而美、崇高、滑稽等等范畴，在我们看来便是这种统一的各种具体不同的表现形态”[②]。下面分别论述四种美感范畴。

首先，优美。优美以比较单纯直接的形态表现了美的本质——合规律性与合目的性的统一，其形式平静、和谐、稳定，给人安宁的愉快，感性功能较为突出。

其次，崇高。崇高和优美相反，在形式上表现为矛盾、冲突、对抗和斗争。“崇高的根源产生在人类社会生活的客观实践和斗争中……人对现实的不屈不挠的生产斗争、阶级斗争和科学实验的革命实践，才是崇高的根源和实质。”[③] 美的本质在这里不是呈现为像优美那样统一的结果，而是表现为统一的斗争过程，表现为实践与现实相斗争的严重痕迹。

再次，悲剧。悲剧则是崇高感在艺术中的表现。悲剧之所以构成审美意义上的悲剧，原因在于它能“在表面偶然的死亡、不幸和悲惨中，看出一种历史本质的必然，体现出社会生活实践中的严重斗争，体现出正义实践的暂时被否定而最终被肯定，体现历史的先进要求的必然失败而又必然不会失败这种种尖锐的矛盾和冲突”[④]。

最后，滑稽。滑稽则与崇高（包括悲剧）相反，“如果说，崇

① 李泽厚：《谈美》，《李泽厚哲学美学文选》，湖南人民出版社 1985 年版，第 467 页。
② 李泽厚：《关于崇高与滑稽》，《美学论集》，上海文艺出版社 1980 年版，第 199 页。
③ 李泽厚：《关于崇高与滑稽》，《美学论集》，上海文艺出版社 1980 年版，第 204 页。
④ 李泽厚：《关于崇高与滑稽》，《美学论集》，上海文艺出版社 1980 年版，第 216 页。

高是现实肯定实践的严重形式的话；那么，滑稽则是这种肯定的比较轻松的形式”。“崇高作为实践与现实抗争的痕记在于真（规律性）对善（目的性）的压倒……那末，滑稽……却在于善对于真的压倒，善好像是假（不存在），从而在现象形式上表现为对真的戏弄。”①

80年代，李泽厚在《谈美》一文中将美的范畴在此基础上扩展至四种——社会美、自然美、科技美和艺术美，但抛弃了有关优美、崇高等范畴的论述，改用“建立新感性”的心理本体的描述。这与其主体性实践哲学的发展需求有关。总体而言，其早期和晚期的美学范畴的内在理论视野是一致的，即都是围绕着“实践”之主客关系视野来展开。因而，以李泽厚为代表的实践论美学，则在纠偏的基础上将认识论美学的审美视野进一步纵深和扭曲。

三　审美与认知的区分

具体而言，判断审美视野是否独立的标准，主要在于审美与认知、伦理活动的区分上。因为实践美学在本质上是一种认识论美学，此处仅对实践美学中关于审美与认识的区分展开分析。审美与认识、道德的关系极其复杂，里面蕴含着深刻的美学奥秘，对这种复杂关系的研究恰恰是美学研究的核心课题，是美学大显身手的地方，也是能否进一步正确研究美的关键和基础。在李泽厚的实践美学当中，涉及审美与认识的关系分析的论说，表现在两个问题上：一是关于美感；二是关于形象思维。

① 李泽厚：《关于崇高与滑稽》，《美学论集》，上海文艺出版社1980年版，第221页。

第一，美感问题中的认识活动。在马克思主义认识论的框架下，只有存在和意识两个维度。在人的意识中，无论是认知、意志还是审美，都不过是对客观存在的反映；不同仅在于它们反映存在的方式。在《关于当前美学问题的争论》一文中，李泽厚提出了美感和认识的问题。和蔡仪的反映论美学一样，李泽厚同样将美感和艺术看作对客观存在的一种反映，一种认识。但李泽厚很快又对美感和艺术的认识作用与一般的认识作用做了区分。美感作为一种感情，本质上“具有一种认识的性质”①，反映着一定的真理，但这种美感认识与理智认识有很大的不同，在内容上区分为模糊的不带确定概念的认识（美感认识）与明晰的带确定概念的认识（逻辑知识）；形式上表现为直觉与思维的区分。在直觉上又有低级、原始和高级、融合理性的阶段之分。在这里，李泽厚对于美感作为认识的界定，既遵循马克思主义认识论的总体前提——意识反映存在，又进一步将美的认识与其他认识区分开来。“美感是包含着伦理功利等社会内容，而以直觉判断为形式的一种高级的反映和认识。”②

李泽厚早期关于认识论上对美感的定位，更明确地表述在《美学四讲》关于审美的过程和心理结构中。在有关审美过程中依然有认识因素，但它已经融合在审美过程中。李泽厚延续了康德的美感分析，认为美感的产生在于想象力和认知力等心理因素的相互活动、交错融合的结果。在这里李泽厚将美感认识分解为——审美感知、理解、想象、情感等多种心理活动。首先，审美感知是审美过程的

① 李泽厚：《关于当前美学问题的争论》，《美学论集》，上海文艺出版社 1980 年版，第 76 页。

② 李泽厚：《关于当前美学问题的争论》，《美学论集》，上海文艺出版社 1980 年版，第 80—81 页。

开始，它“看上去似乎是纯感觉的知觉，实际上是超感性知觉的，它包含着许多因素，尤其是认识、理解的因素。但这认识、理解却又只是因素，它已融解在了感知中去了，成为非自觉意识的东西。感知中积淀有认识、理解……是历史所建构的文化心理结构的一种进程”[①]。因而，审美感知不是单纯的感知、感受，而是多种心理功能综合、协作的一个结果。其次，理解。理解包含了四个层次：直观的、非实用的观赏，对对象内容的认识，理知地认识对象的性质等，渗透在感知、想象、情感诸因素中融为一体的非确定性的认识。再次，想象。这才是审美的关键。因为“感知在生理上、理解在逻辑程序中都是常数，只有想象才使审美过程变成了变数”[②]。正是想象使得理解不走向概念，“想象指示着、引领着、趋向于某种非确定性的认识”[③]。最后，情感。它与想象有密切关系，构成特定的审美状态，即一定种类的审美感受、审美经验，从而使“想象装上翅膀，趋向理解，化为感知”[④]。

由以上分析来看，实践美学的审美过程其实是对康德的“想象力和认知力相互作用”的修改，在原来想象力、认知力的二重因素又加上了感知、理解、情感等心理功能，认为审美过程不是只有康德罗列的想象力和认知力那么单纯，它是多种心理功能共同作用的

① 李泽厚：《美学四讲》，《李泽厚十年集》（第一卷），安徽文艺出版社 1994 年版，第 508 页。

② 李泽厚：《美学四讲》，《李泽厚十年集》（第一卷），安徽文艺出版社 1994 年版，第 512 页。

③ 李泽厚：《美学四讲》，《李泽厚十年集》（第一卷），安徽文艺出版社 1994 年版，第 513 页。

④ 李泽厚：《美学四讲》，《李泽厚十年集》（第一卷），安徽文艺出版社 1994 年版，第 514 页。

总和结构，是复杂的数学方程式。但从李泽厚对这四种心理功能的具体界定来看，只有想象力才决定着审美与认知的区别，其他三项尤其是审美感知、理解基本上仍然属于认识功能。只不过关于这一点，李泽厚表述的更为隐蔽，即运用“积淀说”中将认识、理解等因素融合在了感性直观中。因而，李泽厚最初的努力方向，即把美从根本上如何来的（美的本质、根源）与你为什么会对某一事物感到美区别开来，而从心理学的角度对一般审美经验层面对美感进行共时、科学的剖析的努力并没有真正展开，被笼罩在了对认知因素的剥离和调和中。显然，李泽厚是清晰地认识到在美学研究中所为何来和所为为何的区分①，他一生所做的仅在于所为何来的剥离问题。这可能也是李泽厚并未宣布自己的美学是“实践美学”一派的原因。因为，实质上关于实践美学本身并未真正展开。

李泽厚在这里比单纯的50年代的思想又向前推进了一步。这种推进体现在李泽厚在几篇关于形象思维问题的文章中观点的不断更新和修补中。

第二，关于美感与认识的关系，进一步表现在艺术创作领域形象思维的争论中。对于艺术创作中形象思维问题的论争，实际上是对美的哲学问题（唯心还是唯物）的一个延伸，也可以说是反映论和实践的论争，因为论争核心依然是美学是不是认识论的问题。

形象思维问题最早在《论美感、美和艺术》（1956年）一文中就已提出。该文认为，形象思维同样是一种从感性到理性、从具体到抽象把握事物本质的认识之一种，不同的是，它是通过形象的典

---

① 李泽厚：《美学四讲》，《李泽厚十年集》（第一卷），安徽文艺出版社1994年版，第488页。

型化来思维，而不同于通过概念思考的逻辑思维。之后李泽厚进一步做了专门论述，如《试论形象思维》（1959 年）、《形象思维的解放》（1978 年）、《关于形象思维》（1978 年）、《形象思维续谈》（1978 年）、《形象思维再续谈》（1979 年）等多篇文章。最终的观点体现在最后一篇《形象思维再续谈》中。在这篇文章中，李泽厚认为，作为艺术创作中的形象思维不同于一般的逻辑思维，是艺术想象，“包含想象、情感、理解、感知等多种心理因素、心理功能的有机综合体”①。由此得出，“艺术包含认识，它有认识作用，但不能等同于认识”②，“审美包含有认识——理解成分或因素，但绝不能归结于、等同于认识”③。

就如李泽厚自己所言：“艺术与认识的关系是一个大题目……总起来说，艺术并不就是认识，不能仅仅用哲学认识论来替代文艺心理学的分析研究。而所谓在文艺领域内坚持马克思主义认识论，我认为，则主要是指文艺和文艺工作者应该深入生活、反映生活（从感性到理性）、干预生活、服务于生活（从理性到感性），是指这样一条从群众中来到群众中去的马克思主义唯物论的认识论路线。”④在这里，李泽厚明确要求界定马克思主义认识论在审美、文艺领域的权限，为审美自律、艺术创作自律性提出存在的合理性空间。

由以上三个方面关于认识作用在审美当中的作用的描述和分析来看，一方面，李泽厚在根本上坚持美感是一种反映、认识，但它不同于一般的认识，具有独特的地方。这是对机械反映论的一定程

① 李泽厚：《形象思维再续谈》，《美学论集》，上海译文出版社 1980 年版，第 558 页。
② 李泽厚：《形象思维再续谈》，《美学论集》，上海译文出版社 1980 年版，第 560 页。
③ 李泽厚：《形象思维再续谈》，《美学论集》，上海译文出版社 1980 年版，第 559 页。
④ 李泽厚：《形象思维再续谈》，《美学论集》，上海译文出版社 1980 年版，第 562 页。

度上向“人”之维度的反拨。另一方面，李泽厚在其实践论美学中依然将基于实践基础上的主客认知关系作为诸意识因素的基础和潜在决定因素，情感的审美活动不能摆脱被主客认知左右的视野，这就使实践论美学和反映论美学一样，陷落在认识论的主客认知框架中。当美学不去揭示美与认识、美与意志的区别时，那么美学的研究对象是什么呢？其结果只能把美等同于真或者善，甚或是真与善的统一。这样，美学就不会顾及美的自身运作机制，而成为一门描述性科学，去描述怎样求真，如何趋善，美自身的问题分析当然就无处说起。

退一步讲，在西方美学学科中也存在认识因素。从美学学科视野研究出发，首要的是要将美学理论作为研究对象，这本身就包含了认识因素。也就是说，认知作用在西方现代美学那里，仅仅是学科研究对象的认知，而认知活动根本上而且从来不曾跨入美学的领域界限内。但反映论美学和实践论美学则完全相反，它们用认识活动取代审美活动本身，用认识活动的真值判断分析取代关于审美经验的审美分析。由此，实践论美学沿着反映论美学的路径，混淆了美与认识，自然也就回避和腰斩了美学研究的核心课题。因而，从认知活动领域为审美活动立法，将从审美经验内部为审美活动立法转变为对社会的反映的外部研究。这首先就取消了美本身，进而取消了审美活动得以显现自我的现象学根据和可以内在规定自我的学理根据。从实践之主客关系视野中展开的美学理论分析，在研究对象、美学范畴、方法论基础甚至是规范性基础等方面都只能是扭曲的。

四　方法论基础

由上分析可知，认识论框架下的美学，不再是西方现代意义上的自律性美学，而变成一种外在于美学自身的社会的意识形态的投射。那么，就必然存在这样一系列跟随而至的问题：在认识论领域如何为审美立法？在认识论领域如何生发并区分有关认识活动、伦理活动、审美活动？从认识论领域生发出的审美、伦理又是如何的呢？在学科建构上、社会体制建构上会带来什么样的影响呢？

李泽厚采用了社会学历史还原的方法论。这一方法论从根本上来自其历史唯物主义哲学基础。所谓社会学还原，是历史唯物论的历史观，它也是一种进化论观点，即将一切事物、命题放回到特定的社会、历史阶段去还原，看作某一特定具体时空下的产物。从历史发生学的角度来建构哲学体系，那么，所有哲学范畴、命题的论证最终变形为“所为为何”（康德）向“从何而来”的社会学历史还原。在哲学体系上，社会学还原表现在李泽厚对世界实践本质的唯一通道的本质论解释，在此基础上人类的所有活动（包括认知、实践、审美）都是由使用—制造工具这一实践基础上生发出来的，相应地对认知活动、实践活动和审美活动的本质的逻辑分析等同于该活动向实践活动的历史社会学还原和推求；就美学领域而言，美的本质、美感的本质、艺术的本质的理析回到实践的本源、根本“自然人化”，即实践，审美范畴（美的范畴、美感的范畴、艺术的范畴）则按照美的本质（合目的性与合规律性的统一）基础上的依次推演；在伦理学领域，社会学还原方法论，表现在李泽厚对两种道德的分类（“宗教性道德”和“社会性道德”）；在思想史领域，该方法论还应用在李泽厚“内圣外王”思想主题的梳理和论证自觉地转换为从“历史根基中去探寻其本源含意”①。

进一步来看，社会学还原的方法论贯穿在李泽厚整个庞大的实践哲学体系以及以实践哲学为根基展开的实践美学、伦理学等理论中。这又具体体现在李泽厚预设的诸多二元对立结构中。最为核心的“主体性”的两个双重结构——工艺—社会结构/文化—心理结构，人类群体/个体身心；哲学本体——工具本体/心理本体；社会性道德/宗教性道德；“外王”/“内圣”，等等。

李泽厚对于其理论进路和方法论基础有着清晰的认识和定位。在思想史中，他将“内圣外王”概括为中国思想史的两条明线，“讲‘内圣’，涉及终极关怀等，可说属于宗教性道德，它在理论上追求某种普遍必然性，可以超越具体时空条件。但如讲‘外王’，则在理论上也无法脱开各种具体时空条件”②。“内圣”/“外王”，分别对应着宗教性道德/社会性道德、心理本体/工具本体，前者互相对应人的心理结构，后者对应外部的、具体的实践结构。在这样富于体系层次的诸二元结构中，李泽厚在历史唯物主义的哲学立场上建构哲学体系大厦，只能从“人类总体的发生学角度”③进行还原性分析。因而，在实践哲学体系下衍生的实践美学、伦理学等分支，也必然遵循历史发生学的考察进路。

---

① 李泽厚：《三个会议的发言纲要》，《世纪新梦》，安徽文艺出版社 1998 年版，第 40 页。

② 李泽厚：《三个会议的发言纲要》，《世纪新梦》，安徽文艺出版社 1998 年版，第 40 页。

③ 李泽厚：《关于主体性的补充说明》，《李泽厚哲学美学文选》，湖南人民出版社 1985 年版，第 173 页。

以伦理学为例。李泽厚认为，对意志、心理结构培育塑造的研究，即对“培养自我立志去选择的能力”的考察，“似乎只是形式原则，但如果联系塑造人性的实证研究，这种人类主体性的普遍结构就将不再是先验命令或抽象原则、空洞形式，而将充满着社会的（人类）和心理的（个人）的发生学的内容”[①]。由此，“从人类总体的发生学角度说，自律意志原是从‘他律’（社会规范）所移入，它表现为对原始巫术礼仪、宗教、法律的外在服从和恪守”[②]，最初“由外在规范所要求的理性的凝聚”[③]。这即是李泽厚关于伦理学的学术建构，其路径是将康德先验的形式原则（普遍性结构）本身“为何”的分析性推理，偷偷置换为人类主体性实践哲学下的具体时空下人的这种心理结构的“从何”发生，简单地说，是从共时性的分析演绎转变为历时性的社会还原。这一社会学的历史还原实则取消了关于“意志结构”本身这一维度，而“意志结构”本身才是伦理学学科的研究对象。不仅是伦理学，美学、逻辑学等各领域都存在这种逻辑结果——社会学还原对价值本体维度的取消。

虽然李泽厚一路上都在批判康德的哲学体系，但基于批判康德批判哲学基础上建立起来的实践哲学体系建构路径，与康德的批判哲学又是何其相似。首先是分类：将人的活动分为认知、实践和审美三种，人的意识分为智力、意志、审美三个方面，认识论、实践论和审美论三个方面，而审美活动是沟通认知与实践的中介和桥梁，

① 李泽厚：《关于主体性的补充说明》，《李泽厚哲学美学文选》，湖南人民出版社1985年版，第173页。

② 李泽厚：《关于主体性的补充说明》，《李泽厚哲学美学文选》，湖南人民出版社1985年版，第173页。

③ 李泽厚：《关于主体性的补充说明》，《李泽厚哲学美学文选》，湖南人民出版社1985年版，第174页。

审美成为思维和存在统一的最后归宿。其次，对于审美本质的确认。康德将其判定为审美经验的“无利害性”；李泽厚将审美的本质确定为“实践”——主体对客体的认知、改造。最后，在确认本质的基础上，围绕本质系统性地展开审美理论分析。总之，实践美学从属于生产实践的思想视野，使其研究对象、研究方法甚至理论观点和体系范畴都必将从根本上为主客认知思维所规定，也就是说，美学学科的规范性基础和理论范式必须到生产实践领域中寻得。在这个意义上，实践美学理论无疑变成一种社会发生学考察。

第三节　实践美学审美视野扭曲的原因及其针对性

实践美学审美视野扭曲的原因是什么呢？半个多世纪以来中国美学审美视域的扭曲，理论范式和言语姿态的大规模游离，以致中国美学发展史上学科视野的挪移或者断裂，对中国学术思想发展及学科建设带来极其严重的后果。为什么从20世纪50年代到80年代甚至至今实践美学的视野一直是认识论的？作为对康德进行过专门研究的思想家，李泽厚为什么没有在康德美学的影响下回归现代西方美学的学科视野的典范？其实，在一个充满变动的历史年代，美学学科的思想视野的挪移，不仅仅是现代学科的问题，它在中国现代性问题的历史语境中表现为知识话语与“主义”话语的缠绕。这样问题就进一步表现为，为什么实践美学的学科视野是实践之主客关系的认知视野，而不是背靠分类学传统和现代性分化的审美视野？

作为一个敏锐的思想家，李泽厚又为什么提出主体性实践美学，使实践论美学的学科视野进一步扭曲？这所有的问题又必须要回到开头所提到的革命现代性和审美现代性的母题上。在革命现代性主宰一切的年代，一切的理论和思想都难逃时代的拘囿。李泽厚作为主流意识形态的代表，更是有着切合性。这就意味着，不但要对实践美学的存在进行知识社会学考察，而且必须将之放入整个中国现代性的历史进程中来思考。因而，我们需要回到实践论美学产生、发展的那个特定的社会语境，作有关知识社会学的考察，从关于中华人民共和国成立以来的美学及其问题的演变背后发掘其对社会敏感性语境的呼应。李泽厚在评论谭嗣同时说：“中国近现代的个别人物如不与时代思潮相联系，便常常失去了或模糊了他的地位和意义。”① 我们也可以套用这样的思路来考察李泽厚实践美学的学科视野问题。下面分三部分予以论述。

一　扭曲的原因

扭曲的原因分别从李泽厚实践美学产生的终极语境、时代语境、美学突围三个方面展开分析。

（一）马克思主义的终极语境

从社会语境来看，审美视域的扭曲与马克思主义语境有着根本的渊源。马克思主义是一种非中立的理论，是批判理论，就如李泽

① 李泽厚：《走我自己的路》，《李泽厚十年集》（第四卷），安徽文艺出版社 1994 年版，第 28 页。

厚在其《美学四讲》中所言："马克思主义美学主要是种讲艺术与社会的功利关系的理论，是一种艺术的社会功利论"[①]，"马克思主义美学的艺术论有个一贯的基本特色，就是以艺术的社会效应作为核心或主题。这社会效应，又经常是与马克思主义提倡的无产阶级的革命事业和批判精神联系在一起加以考察、衡量、估计和评论的"[②]。实践美学是"马克思主义本身的批判性、革命性和实践性在艺术—美学领域中的体现"[③]。

唱响中国20世纪主旋律的是"救亡压倒启蒙"，尤其是40年代马克思主义成为国家主流意识形态以后，这一意识形态及其经济基础/上层建筑的模式决定了中国现代学科的视野及其建构。自从1942年《在延安文艺座谈会上的讲话》正式提出"文艺为政治服务"的宗旨之后，该宗旨一直指导中国文学、艺术的发展趋向，可以说直到"80年代以前，文学以及美学等其他学科是被逼无奈住在政治的'牢笼'中"[④]。换句话说，随着民族解放战争的逼近，在对抗资本主义普遍人性论的文化需求下，马克思主义的革命性和批判性唯物主义理论适时地成为中国需要的官方意识形态。反映论美学和实践论美学就是马克思主义认识论在人文学科领域的落实。在以阶级斗争为纲的革命年代，中国所有学科在学科建构和思想视野上表现出前所未有的一致性和意识形态性，这一时期的文艺整体上是"以马

① 李泽厚：《美学四讲》，《李泽厚十年集》（第一卷），安徽文艺出版社1994年版，第438页。

② 李泽厚：《美学四讲》，《李泽厚十年集》（第一卷），安徽文艺出版社1994年版，第438页。

③ 李泽厚：《美学四讲》，《李泽厚十年集》（第一卷），安徽文艺出版社1994年版，第440页。

④ 李占伟：《康德美学在中国三十年》，《河南社会科学》2011年第1期。

克思主义的生产方式为中心概念建立起来的，而不是以‘人’及其自我理解为中心建立起来的”①。马克思主义作为学科理论的最终思想来源，意味着美学学科的理论建设只能从马克思主义理论中寻找规范性基础。因而，无论是反映论美学还是实践论美学，都必须将美学学科视野的建构安置在主客认知模式的实践关系当中，这是李泽厚在马克思主义语境中建构美学的唯一路径，也是那个时代“在各种困境中蹒跚而行的过渡期人物”② 无法逃避的学术选择。对这一语境和选择的恰切描述莫若李泽厚在《批判哲学的批判》第一章中对康德处境的理解：“处境和地位都甚卑微的先进知识分子只有用沉默和迂回的方式来进行抵抗和斗争。”③

（二）“人性”复苏的时代语境

新时期相对宽松的政治环境，使人们（尤其是知识分子）有机会和场域得以反思和有节制地控诉“文化大革命”：“文化大革命”的集体主义和政治高压，那种高度集体化、群体化的社会样式，严重扭曲了人的神经和思想，使“人成了认识的历史行程或逻辑机器中无足道的被动的一环，人的存在及其创造历史的主体性质被掩盖和阉割掉了”④。“文化大革命”结束后，人们的思想、尊严、权利、自由等主体意识全面觉醒并强烈渴望寻找途径表达。“今天的公民，

① 汪晖：《死火重温》，人民文学出版社 2000 年版，第 367 页。

② 李泽厚：《走我自己的路》，《李泽厚十年集》（第四卷），安徽文艺出版社 1994 年版，第 123 页。

③ 李泽厚：《批判哲学的批判》，《李泽厚十年集》（第二卷），安徽文艺出版社 1994 年版，第 16 页。

④ 李泽厚：《批判哲学的批判》，《李泽厚十年集》（第二卷），安徽文艺出版社 1994 年版，第 467 页。

已不再是‘文化大革命’中被任意驱使、践踏的玩偶或尘土”，而是正逐步“从政治、经济到思想全面寻求解放的自由人。他们的思想、人格、价值、尊严、地位开始受到尊重和保护，他们满怀着自尊、自信、自爱、自强的心理素质。一句话，人的主体地位和主体意识得到了强化”①。

对于这一历史灾难和人性复苏的强烈要求，李泽厚有深刻的描述：

> “文化大革命”把从上到下整个社会中的传统的与革命的信念、原则、标准统统都破坏了，人们在思想、心理、身体、生活各个方面受到了空前的痛苦和损伤。人们或被迫或自愿地出卖自己、践踏自己、丧失掉自己。人不再是人，是匍伏在神的威灵下的奴仆、罪人，或者则成了戴着神的面具的野兽。
>
> 于是，神的崩溃便从各个方面发出人的呐喊。人的价值、人的尊严、人性复归、人道主义，成为新时期开始的时代最强音。②

“文化大革命”结束后的一段时间里，以“阶级性”“阶级斗争”为主要表述形态的正统马克思主义话语，被看作“异化”地脱离了人的“本性”的主流话语，并成为僵化的国家意识形态的化身而受到怀疑和批判。相应地，“人道主义”“人性”则作为普泛的价

① 汤学智：《关于主体性问题的几点看法》，《当代文艺探索》1986年第4期。

② 李泽厚：《中国现代思想史论》，《李泽厚十年集》（第三卷·下），安徽文艺出版社1994年版，第201页。

值范畴而得到肯定，对于这种时代思想潮流的最前沿的表现莫过于人道主义话题的高涨。

80 年代掀起的人道主义、主体性的讨论，为中国美学建构了人学维度，把作为主体的“人”从政治的囚笼中解放出来起到了极大的积极作用。80 年代卡西尔《人论》的译进，掀起了关于人道主义的讨论。人道主义主要代表人物王若水（《为人道主义辩护》，载《文汇报》1983 年 1 月 17 日）、陆梅林（《马克思主义与人道主义》）、胡乔木（《关于人道主义和异化问题》，见《胡乔木文集》第二卷）、周扬（《关于马克思主义的几个理论问题的探讨》第四章“论人道主义和异化问题”）等，围绕“人道主义”展开了轰轰烈烈的讨论。关于“主体性”的探讨，李泽厚率先在 70 年代末提出“主体性”的哲学命题，在马克思主义理论的基础上成功培植出“主体性”，在文学领域表现为刘再复的《论文学的主体性》[①]，文学艺术的自律性问题也浮出水面。

（三）强大压力下的突围

李泽厚借用康德的主体性思想思考的是，在马克思主义的终极语境中人的基本权利如何得到表达：既要与主流话语保持一致，又要将政治“牢笼”中的人的主体性解救出来。在马克思主义话语中呼吁人民基本权利、为人道主义寻求合法性依据的通道非常之狭窄，甚至可以说只有一个通道——《1844 年经济学—哲学手稿》（以下简称《手稿》），“尤其是其中的‘异化’论，成为人道主义话语用

---

① 刘再复：《论文学的主体性》，《文学评论》1985 年第 6 期；《论文学的主体性》（续），《文学评论》1986 年第 1 期；《关于人与文学的思考》，《读书》1986 年第 8 期等。

来改造或补充作为国家意识形态的正统马克思主义的主要资源"①。美学作为当时意识形态的突破口，必须承担起呼唤人民基本权利的使命。美学的独特性在于，它为被人道主义话语所呼唤的"个体"的合法性提供了哲学与美学上的理论依据，并通过个体的美感体验而使得那种"空想社会主义"式的乌托邦激情得到一个释放的空间。"美学成为了表述文学独立性和人道主义思想观点的一套特定语汇。"② 用李泽厚通俗的说法就是"现实问题不好谈，只好借文化来谈"③。"美学从传统马列主义的认识论框架内，缓慢地、不自觉地转向青年马克思的人本学立场。在这种转变过程中，隐约显现出抽象的'人'的身影。"④ 在此，美学更多地成为那个时代的一种思想言说方式。

二　视野扭曲的针对性

关于视野扭曲的针对性下面从三个角度予以论述。

（一）人的基本权利的缺失和吁求

作为对时代有着敏锐感知力的知识分子，李泽厚在马克思主义意识形态下呼吁人的基本权利的通道非常狭窄，甚至可以说只有一个通道——《1844 年经济学—哲学手稿》，他只能在《手稿》理论

① 贺桂梅：《"新启蒙"知识档案》，北京大学出版社 2010 年版，第 63 页。

② 贺桂梅：《"新启蒙"知识档案》，北京大学出版社 2010 年版，第 336 页。

③ 李泽厚：《走我自己的路》，《李泽厚十年集》（第四卷），安徽文艺出版社 1994 年版，第 529 页。

④ 祝东力：《精神之旅——新时期以来的美学与知识分子》，中国广播电视出版社 1998 年版，第 79 页。

依据中寻求一种实践论基础上的表征式美学理论建构，以达到他对人的“主体性”观点的阐释和对人的基本权利的诉求之目的。李泽厚在其哲学和美学理论中一直都是这样做的。早年他最早援引《手稿》，为审美活动中人的因素寻找合法性根据，虽然依然局限在反映论、唯物论的范围内，但至少可以以妥协的姿态游走在意识形态的边缘而相安无事；1979 年出版的《批判哲学的批判——康德述评》，再次及时地将康德的“先验主体性”嫁接在马克思主义的“实践”之上，为人的主体性的张扬铺路。

主体性实践哲学针对的是人的主体性、基本权利、尊严。李泽厚率先在思想史论中对“文化大革命”做出“封建复辟”的定位和反思，在此基础上提出人的基本权利的诉求，而关于人的基本权利集中体现在“主体性”的话语表述中。“主体性”就是李泽厚关于人的基本权利的集中表述。何谓主体性？何谓主体性结构？一是工具—本体结构，一是心理—本体结构。对心理、情感的强调，便是对主体性权利的铺垫和延伸，对于普遍人性论的中国式回归。对主体性的呼唤一直是李泽厚的哲学使命和核心。

李泽厚的一个重要贡献在于他适时地提出的“主体性”概念。“李泽厚并不是什么康德专家，他的《康德述评》也很难说是康德研究的必读书。但在用康德解释把握时代命脉甚至推动时代精神的意义上，李泽厚无人可比。康德在 20 世纪的某个时刻居然如此激动人心，究其原因，天时地利因素占据泰半。但把这种因素转化为活生生的现实力量，李氏解释厥功至伟。”① “李泽厚真正的体系性贡

① 丁耘：《启蒙主体性与三十年思想史》，《读书》2008 年第 11 期。

献，不是他著名的《康德述评》，而是以此为起点在主体性哲学上的不断探索与建设。”①

可以说，从五六十年代的美学大讨论一直延伸到80年代的“美学热”，李泽厚的美学从实践认识论美学到实践本体论美学的持续性转变，在这转变过程中，显现着由对抗机械唯物主义到张扬“主体性”的华丽转身。

（二）“主体性”基础上的社会价值系统建构

在吁求人的基本权利背后，隐藏着李泽厚作为一个具有良知的知识分子对于现代性社会体制建构的宏大愿望。这是他多年来一直执着探寻的话题之一。然而，这在当时的语境下显然是无法得到确切表达的。

李泽厚有关主体性的强调和有关人的基本权利的诉求与新启蒙运动的相同点在于，二者均坚持以新启蒙的路线反对对人的权利的压制，同样是限于意识形态层面的更新和促进；但不同的是，李泽厚同样坚持在实践层面人的基本权利、国家体制、法律建设等基层建设。而这些言论一直延续在他后半生的作品中，散见于他诸多的谈话或篇章中。从其作品《走我自己的路》的言述就已可知，李泽厚明确意识到启蒙理性的主体性原则失落了。

在李泽厚看来，当时鼎盛高涨的“人道主义”、人性论的论争热潮，其实是对马克思主义的一种肤浅的理解。在1994年香港“第二次国际现代新儒学会议”的发言纲要中，他再次重申关于如何走既

① 丁耘：《启蒙主体性与三十年思想史》，《读书》2008年第11期。

现代又中国的道路，针对从80年代至今的“新权威主义”到极端个人主义中依然存在封建传统、独裁统治的全面复活的混乱现实，李泽厚认为，“现在重要的不是再掀起什么运动（包括所谓‘新启蒙运动’），而在确立形式。我一直认为，关键不在思想，而在制度；不在文化，而在政治；不在人民思想落后、传统文化有罪、群众觉悟不够，而在缺乏有效运作的现代民主程序和法律形式，以确立群己权限，明确个人、社会、党和国家在生活中的关系和位置。……问题不在文化，而在包括民主在内的各种启蒙思想、启蒙主张（如个人自由等）如何通过一系列的确定形式（特别是法律形式）来使之现实化”[①]。这一观点早在1989年为纪念五四而写的《启蒙的走向》一文中就已明确表达。再往前推，这一观点又可追述至70年代末80年代初“主体性实践哲学”的社会性表征，甚至可追述至50年代“美学大讨论”中“客观性与社会性统一说”。从最为典型的70年代末80年代初的主题词——“主体性”来看，强调的是“人”的自由以及对于这种自由形式的确立，强调的是对人的基本权利的要求和人的尊严的维护！与当时的绝大多数“美学热”参与者倡导启蒙思想不同，李泽厚敏锐地看到：要建立现代中国，仅有思想是不够的，更需要的是体制，即个体的自由、形式的确立，伦理道德、法律体制的确立。这一洞察在今天看来仍然极其恰切而合理。由此，李泽厚的根本意图方为了然，他的美学理论是其思想有力的表达手段。

① 李泽厚：《三个会议的发言纲要》，《世纪新梦》，安徽译文出版社1998年版，第37页。

（三）李泽厚“主体性”理论话语的有效性

李泽厚“主体性”理论话语的有效性，主要体现在目的与方法上的悖谬。李泽厚“主体性实践哲学”历史针对性是关于人的基本权利的回落，即类的主体性落实在个人主体性，集体的权利回归到个体的权利，在此自然状态的人的权利基础上构建现代社会法规、价值体系等规范性严密的现代性社会结构。悖谬的是，李泽厚的手段却是借助主客关系的实践主体而完成。这在目的与手段之间造成了悖谬和永远无法协调的关涉。具体表现：对于实践哲学有关认知、审美、道德等价值领域的合法性论证，基于实证性考察的科学方法论和历史目的论之下；对于个人的主体性权利的伸张，往往成为对于集体、“类”主体的拔高；对于审美经验、认知理性和伦理道德的精微的内部分析，往往成了对于历史生发处的社会学还原，等等。这使得夹缝当中突围的主体性实践哲学成为一个独特时期的独特产物。

问题是，李泽厚的实践美学延续了中国现代思想史上审美主义路线，只因在特定语境中他“采取的是边缘政策”[①]。由此可见，李泽厚所呼吁的权利哲学的美学式表达，在整体上存在逻辑悖谬。这就是手段和目的之间的悖谬，审美主义进路和民主体制建构之间的悖谬。令人遗憾的是，新实践美学、后实践美学都延续了审美主义路线，而忽略了李泽厚的权利诉求。

中国审美主义传统本身存在缺陷。反映论和实践论美学分属于

---

① 李泽厚：《走我自己的路》，《李泽厚十年集》（第四卷），安徽文艺出版社 1994 年版，第 418 页。

中国20世纪思想史/美学史上的两条线：承接马克思主义的认识论和意识形态论与承接西方的审美主义路线。反映论和审美论均认为审美活动是较其他活动更为特殊的人类活动，“反映论并非不承认审美，但它认为审美在将人类活动总体划分为精神与物质、认识与实践的二元分划的广阔背景上，只能属于精神或认识之维，因此它是一种特殊的认识。而审美主义论则不承认审美可归为认识，‘它有认识的因素’[①]，但它在根本性质上以生命体验为目标（‘情感’）”[②]。问题在于，“反映论和审美论各自偷偷偏离了自己的逻辑航向，扩张自身逻辑领域的涵盖面，进而企图在认识论的逻辑根基上包容审美，或在审美论的逻辑根基上包容认识、包容文学活动的功利性与社会性”[③]。

根据李泽厚对五六十年代美学大讨论的总结，相对于审美性质和审美对象，认为美的哲学基础才是美学讨论的最高、根本的问题。对此，李泽厚直言不讳，“我对美学的兴趣，也是在哲学方面，因此没打算去研究一些具体的美学问题”[④]，对于美学的重要论题——艺术，李泽厚也是“把艺术放在哲学的角度上来谈”[⑤]的，其代表性美学著作《美学四讲》，“主要也是从哲学讲美学，还是哲学美

① 李泽厚：《谈谈形象思维问题》，《李泽厚哲学美学文选》，湖南人民出版社1985年版，第340页。

② 吴兴明：《中国传统文论的知识谱系》，巴蜀书社2001年版，第201—202页。

③ 吴兴明：《中国传统文论的知识谱系》，巴蜀书社2001年版，第202页。

④ 李泽厚：《走我自己的路》，《李泽厚十年集》（第四卷），安徽文艺出版社1994年版，第420页。

⑤ 李泽厚：《批判哲学的批判》，《李泽厚十年集》（第二卷），安徽文艺出版社1994年版，第528页。

学”①，直到2009年杭州的一次会议上，李泽厚才承认自己是实践美学一派。在此之前，李泽厚从未将其实践哲学的美学称为实践美学，他本人更喜欢以思想者自居。李泽厚这个思想者，不仅关心哲学问题，而且关注哲学与时代的关系，如他所言：“我认为哲学是没法脱离它的时代的。我所搞的是哲学美学，当然与时代有关”②。可见，李泽厚的美学观也是其传达思想话语的一个通道。

新时期美学的社会意识形态的含义，在高尔泰《美的追求与人的解放》这里是再明显不过：“人道主义与现代美学，都着眼于人的解放……这不是两条互不相干的途径。后者是前者的一个象征、一个向导、一个缩影，或者说一种探索。一种准备、一种演习。”③ 可见，在新时期的主体性实践美学是李泽厚在追求个人主体性的一种美学式表达，执着为在省思“文化大革命”相对宽松语境中、马克思列宁主义强大压力下的突围姿态。因此，李泽厚在1979年《批判哲学的批判——康德述评》一书中将马克思主义哲学中的“实践”和康德先验哲学中的“先验主体性”加以调和，用“人类如何可能”代替“先验综合判断如何可能”，对人性、人类主体性进行强调，但又不脱离马列主义的历史唯物主义根本，从而在这种调和的哲学基础上构建了“主体性实践美学”体系。李泽厚对主体性的一再强调，无非是要从唯物的高压下回归到人类本性，回到人类自身。对此，祝东力清醒地指出，80年代的美学热远远超出学术范围的影

① 李泽厚：《走我自己的路》，《李泽厚十年集》（第四卷），安徽文艺出版社1994年版，第558页。

② 李泽厚：《走我自己的路》，《李泽厚十年集》（第四卷），安徽文艺出版社1994年版，第559页。

③ 高尔泰：《美的追求与人的解放》，《当代文艺思潮》1983年第5期。

响甚至演化为群众运动，是因为学者们选择了美学作为突破口，从学术研究方面加入了反思“十年浩劫”、推动思想解放、促进改革开放的时代潮流。[①]

三　实践美学视野扭曲的根源

作为有着敏感时代意识的思想家，李泽厚通过主体性实践哲学以及在此基础之上的实践美学体系中提出“主体性”概念，为传达人的基本权利、尊严的强烈吁求在思想理论上开辟了一条抒发的途径。问题是，为什么中国知识分子选择的是这样一条折中的进路？也就是说，为什么把基于主体性原则的价值论证放在马克思主义的终极语境中相对隐晦地阐发，而不是从根本上摆脱这个终极语境而直面主体性原则？换句话说，导致实践美学思想视野错位、扭曲的最终根源在哪里呢？这其中既离不开特殊的时代语境，又逃不开根深蒂固的“士”文化传统。下面从两个部分予以论述。

（一）“文以载道”的文化传统

在西方，“知识分子”是现代意义上的称谓，它是“社会的良心”，是人类的基本价值（如理性、自由、公平等）的维护者。[②] 在中国与西方知识分子性质相近的是存在两千多年的“士”。“士”作为延续、传承中国文化和道德的主要阶层，自2500多年前的孔子那里即已存在。孔子有言“士志于道”（《论语·里仁》），即规定了

① 参见祝东力《精神之旅：新时期以来的美学与知识分子》第三章，中国广播电视出版社1998年版。

② 余英时：《士与中国文化·自序》，上海人民出版社1987年版，第2页。

“士”是基本价值的维护者。直至今天，中国知识分子依然自觉地延续着价值维护的使命。

在以宗族血缘关系为基础建立起来的华夏民族，是一个伦理、政治、宗教“三位一体”的国度。“中国的政治是伦理政治，美善不分或美善同一的观念非常持久。”① “美善不分”便意味着艺术自身常常与政治牵扯在一起，实际上，在中国文化传统中，文化艺术自诞生之日起便往往成为维护基本价值的手段或工具。从最早的《乐记》《诗大志》的“诗言志”，到汉代《毛诗序》“正得失……厚人伦，美教化，移风俗”具体化的“美刺”传统，还有具体到文学领域三国时期曹丕的“经国之大业”、唐代韩愈的“文以载道”、柳宗元的“文以明道”等，都在表达着文学艺术服务于政治的功利性标准。这一传统一直延续在中国现代性的进程当中。从五四时代起，文学艺术也经常与社会斗争、革命要求乃至革命战争密切联系在一起，这一传统在 1942 年毛泽东《在延安文艺座谈会上的讲话》中所提出的“文艺为政治服务”宗旨中达到了顶峰。经过千百年的千锤百炼和修饰粉饰，它已经成为一种不言而喻的文人的自觉取向，一直左右着中国文艺的审美取向。虽然艺术自律的要求在漫长的历史中曾也出现不少次，并作为一条线始终若隐若现贯穿在中国历史中，但艺术自律性始终无法抗衡与官方意识形态联姻的强大传统和诱惑。

李泽厚作为一个有着强烈时代意识和高敏感度的知识分子，正是秉持这种文以载道的中国传统文人精神，行使借美学论争维护人的基本价值的使命。

---

① 李泽厚:《华夏美学》,《李泽厚十年集》（第一卷），安徽文艺出版社 1994 年版，第 239 页。

（二）独特时期的权利哲学的曲折表达

无论是实践认识论美学还是实践本体论美学，李泽厚的美学理论始终都是在“第三个层面”，即美的哲学层面展开，因为“美的哲学所要处理、探寻的问题，深刻地涉及了人类生存的基本价值、结构等一系列根本问题，涉及了随时代而发展变化的人类学的本体论”①。这也反向说明李泽厚为何迟迟不肯接受“实践美学”这一称谓，因为在他看来，他所做的只是从哲学层面上为以后美学的具体研究提供一个切入的角度，真正的实践美学理论尚未展开。“李泽厚的美学是‘作为哲学的美学’，而非‘美学的美学’。”② 由此来看，美学理论的阐述不过是他哲学思想在美学领域的表达或落实，仍然是他追问“人”之价值的核心问题的扩散。也就是说，实践美学并非纯粹的美学研究，而是在借美学尝试人的尊严、人的权利在马克思的系统之中如何得到开发。毋庸置疑，实践美学的思想视野扭曲的根源即在这里——人的基本价值问题，或者说中国的权利哲学。

这种价值诉求典型地体现在 80 年代“美学热”，包括此前五六十年代的美学大讨论，以及 90 年代的“文化热”。首先，五六十年代的美学大讨论中，李泽厚首次援引马克思的青年著作《1844 年政治学—哲学手稿》作为立论的依据，使其成功地游走在临界状态：既保证了马克思主义的语境，同时又在严酷的语境中张扬了关于“人”的能动性的一面。这使李泽厚成为大辩论双方夹缝中唯一一个

① 李泽厚：《美学四讲》，《李泽厚十年集》（第一卷），安徽文艺出版社 1994 年版，第 435 页。

② 刘悦笛：《素描李泽厚》，《文艺争鸣》2011 年第 3 期。

能够游离于主流意识形态而又免遭口诛笔伐的人。其次，70 年代末李泽厚在坚持马克思主义的前提下批判地嫁接康德的“先验主体性”，提出“主体性实践哲学”，并提出了“主体性”概念：

> 主体性概念包含两个双重内容和含义。第一个“双重”是：它具有外在的即工艺—社会的结构和内在的文化—心理结构。第二个“双重”是：它具有人类群体（又可区分为不同社会、时代、民族、阶级、阶层、集团等）的性质和个体身心的性质。这四者相互交错渗透、不可分割。①

可以说，主体性实践哲学，即人类学历史本体论，就是以关怀、思考和谈论人的命运为宗旨，“主体性”概念即对人的基本权利、尊严的最鲜明的表述。李泽厚这种肯定了主体性、人性自由自觉的哲学思想正好适应了“文化大革命”过后人们渴望思想解放和精神自由的普遍吁求。在此意义上，可以说，“李泽厚常常用主体性的来源问题遮盖主体性的本质问题，这在当时的政治背景下是一种策略，而真正引起人们兴趣的是他所揭示和宣扬的主体性所具有的自由自觉的本质”②。正如丁耘套用李泽厚在《批判哲学的批判》中来赞赏康德的话反过来评价李泽厚时所言，“李泽厚真正的体系性贡献，不是他著名的康德述评，而是以此为起点在主体性哲学上的不断探索与建设”③。

如果说，五六十年代关于美的本质问题的美学大讨论是有关政

① 李泽厚：《关于主体性的补充说明》，《李泽厚哲学美学文选》，湖南人民出版社 1985 年版，第 164—165 页。

② 彭锋：《引进与变异》，首都师范大学出版社 2006 年版，第 254 页。

③ 丁耘：《启蒙主体性与三十年思想史》，《读书》2008 年第 11 期。

治立场的价值诉求，那么，80 年代爆发的“美学热”则是关于人的自由、尊严等基本权利的表征，90 年代的“文化热”则是对尚未建构起来的个体权利思想的隐形消解。它们都不仅仅是一场场学术论争，它们的覆盖范围和意义远远超出了美学、文化领域本身，同样是中国知识分子对权利的一种持续性诉求。“与西方马克思主义的发展主要在学术界不同，中国马克思主义的发展往往是一种政治性或政策性的言说。”[1] 李泽厚的实践美学（包括其孜孜以求的庞大的实践哲学体系），从一开始便不是纯粹的学科理论，而是知识分子维护人的基本价值的曲折表达，“是启蒙现代性主体性原则的曲折表达——它是中国的权利论哲学在一个独特时代的形而上学的回声”[2]，是中国 20 世纪“主义”话语之一种。

① 干春松：《李泽厚与“改革的马克思主义”》，《文化纵横》2011 年第 12 期。

② 吴兴明：《海德格尔将我们引向何方?》，《文艺研究》2010 年第 5 期。

第五章　实践美学的发展及其审美视野

考察“实践美学”名称的由来，会发现它特指在中国 20 世纪 80 年代占据主流地位、以李泽厚为代表的马克思主义美学的新发展“实践美学”。这一概念不是出现在实践美学成为热潮的 80 年代，而是出现于实践美学被超越的 90 年代初。也就是说，80 年代以李泽厚为代表的美学思想在 90 年代初期才被正式命名为“实践美学”，而命名者则是“后实践美学”的倡导者，而李泽厚真正接受“实践美学理论家”这一称谓则是在 2004 年。从命名就可以看出“实践美学”在不断地更新、发展，在新的世纪前后呈现出欣欣向荣的势态。

从中国知网全文数据库的统计数据可以见出继承和超越实践美

学的盛况。[①] 就理论形态而言，大体上是后实践美学（超越实践美学）和新实践美学两派，每派中又都有不同的观点和支脉；就理论成果而言，在数量上达到前所未有的高峰，目前可查的已有多套颇具规模的系列美学丛书，影响较大的有“新实践美学丛书”[②]、“实践存在论美学丛书”[③] 等；就人才培养而言，实践美学的繁荣强大，凝聚了大批学术专门人才，结成了前所未有的强大学术力量。总之，中国的美学呈现出前所未有的繁荣。总体而言，90 年代以后的实践美学依然保有强劲的发展势头，在后现代解构思潮的浸染中不断地“开枝散叶”。

就学科建设而言，90 年代之后美学作为哲学和汉语言文学专业的基础课程在全国高校普及，而且衍生出许多美学分支，比如文艺美学、心理学美学、美育学；1995 年中国内地第一次举办国际性美学研讨会“国际美学美育会议”；后实践美学和新实践美学的代表人物（前者如杨春时、潘知常、张弘等，后者有邓晓芒、易中天、张玉能、朱立元等）皆在国内著名高校、科研机构中授课或讲学；理论流派代表人物的专著或理论观点往往是其授课教材和授课内容，而且成为高校教育的主流教材，比如邓晓芒的《西方美学史纲》、朱

① 据中国知网统计，按照文章全文中含“实践美学”一词检索，截至 2023 年 7 月中文文献有 8038 条，其中主要主题含“实践美学”的有 407 篇。在这 407 篇文献中，1993 年之前，仅有 2 篇（1987 年 1 篇，1992 年 1 篇），且 1 篇并不是基于本土化美学流派的意义上使用“实践美学”，因而，几乎是空白期；1993—2001 年，共有 59 篇，这段时间是新实践美学与后实践美学的初步交锋，杨春时 1993 年发表《超越实践美学》，张玉能、朱立元等人响应，基本勾勒出新一轮美学论争的格局，虽呈递增趋势，但整体上尚处酝酿时期；2002—2010 年，共有 232 篇，是实践美学论争的爆发期和全盛期，其中以 2005 年 33 篇为峰值；2011 年实践美学热度戛然回落，至 2023 年，始终维持在年均 10 篇左右。

② 张玉能主编，人民出版社 2009 年起陆续出版。

③ 朱立元主编，苏州大学出版社 2008 年版。

立元的《美学》《西方美学史》、杨春时的《美学》等，而且这些教材作为普通高等教育“十五”国家级规划教材、面向21世纪课程教材、马克思主义理论研究和建设工程重点教材等重量级示范性教材在全国范围内推广；美学家们在高校授课的同时指导了大量美学专业研究生，培养了大量学术人才；实践美学学术阵地主要有《学术月刊》《文艺研究》《马克思主义美学研究》等期刊及各大高校学报，文献数量在90年代中期之后猛增并持续到当下。可见，90年代之后美学学科建设已走向可持续发展的国际化态势，且实践美学仍占有重要影响。

纵然如此，实际情况是，在各种解构思潮不断来袭的后现代思想背景下，新实践美学甚至包括后实践美学，均已经丧失了80年代主体性实践美学在思想内核上对于知识分子的凝聚力和号召力。相对而言，90年代之后的美学虽然流派丛生、论争迭起，但其依然不免流散、淡化的命运。可以说，自80年代末李泽厚淡出学术圈视野之后，实践美学的领地和曾经的风光荣耀正在被瓜分、沦陷，最终淹没在层出不穷的“后”思潮中。

正如很多学者所担忧的，“放眼当今大陆美学界，能够如80年代般产生重大学术和社会影响的理论成果并不多，实践美学依然是主流，生命美学与实践美学的论争很大程度上带有人为的痕迹，后实践美学对实践美学的超越似乎并没有得到公认，实践美学内部不断提出的改革则更多的是应对其他理论的挑战而做出的对旧有体系的维护和修改，似乎也没有获得更多的响应。大家一致在呼唤、寻求一条新的出路”①。暂不对该观点做正确与否的论证分析，它至少表明一种对于美学理论自身发展的危机之感。

其实，80 年代中期，主体性实践美学就受到了质疑和挑战（以刘晓波（《选择的批判》）的挑战和刘小枫（《诗化哲学》）的转型为标志），但对实践美学的超越或修正的规模上演则是在 90 年代初。杨春时 1993 年发表《超越实践美学》、1994 年《超越实践美学　建立超越美学》《走向“后实践美学”》，由“后学”挑起另一次美学论争，即后实践美学与新实践美学的“实践美学之争”。前者旨在超越实践美学，后者旨在为实践美学辩护。前者受西方现象学、解释学、语言哲学、分析哲学以及后结构主义等的影响，从生命、存在、语言等本体论出发，对“实践”本体进行置换，建立起生存美学、生命美学、存在美学、超越美学、体验美学、修辞论美学等。这些统称为“后实践美学”，代表人物有杨春时、潘知常、张弘等。后者在坚持“实践观”的路线下，对实践概念进行扩充和思维模式的更新，发展出实践存在论美学、新实践美学等，代表人物有朱立元、邓晓芒、张玉能、易中天等。不但流派繁多而且专著系列丛生，在气场和数量上达到一定的声势。值得注意的是，虽然两派观点截然相反，但其对主体性实践美学的推进/超越路径极其相似。就思想来源而言，无论是超越还是修补都一致地以后现代思想为理论资源，对原有思想进行置换或修正的基础上生发出“后”的美学理论；就内在逻辑理路而言，二者一致地从实践美学的根部——“实践”本体开刀或置换或修补，其反思之深刻、之根本，二者不相上下。

① 张江南、王惠：《网络时代的美学·前言》，上海三联书店 2006 年版，第 2—3 页。

本章试延续美学学科视野建构的视角，考察李泽厚之后的实践美学，即80年代美学热中的其他实践美学流派以及90年代中期兴起至今繁荣不衰的新实践美学，重点是考察后者对实践美学理论的推进及其审美视野建构的情况，以期对新实践美学的发展轮廓和视野局限有一个清晰的呈现。

第一节　实践美学内部的理论调整

以实践论为哲学基础的实践美学流派，普遍地将审美活动分析放置在实践之主客关系模式中展开，将“实践”作为实践美学的逻辑起点，将审美等同于实践活动；将美的本质等同于美的起源，看作人类主体改造自然的使用功利性成果；强调美的客观性，美感与美之间的反映还原逻辑；以人类改造自然的客观规律来研究美、艺术美的规律，以实践活动的标准来划分审美范畴，等等。从美的本质到美学理论体系的逻辑展开，都不可避免地陷入主客二元对立的认识视野当中，造成实践美学流派整体上的学科视野扭曲。因而，虽然实践美学在宏观上引领了张扬人之“主体性”精神的时代先潮，但在微观上导致实践本体论的美的哲学与阐释审美经验之间的断裂，因而为学界同人所诟病。实际上，在80年代李泽厚的主体性实践美学逐渐获得大众认同、成为美学主潮的时候，反对它的声音就不曾间断甚至随之水涨船高。其中就有高尔泰提出“感性动力”针对“积淀说”，刘晓波以感性、个体等极端对抗李泽厚美学中过多的理性主义倾向、集体性等抹杀个体存在的论断，干脆认为“像这种没有深入研究对象具体而特殊的规定性之中的理论，实际上等于什么都没有说”①。虽然二人的理论更多的是情绪话语，缺乏理论深度，未能深入展开，却命中实践美学的理论要害。在这种质疑声中，除李泽厚之外其他著名的实践美学家及时地对实践美学理论做了新的探索和调整。下面分别介绍三位著名实践美学家的新探索和调整。

一　刘纲纪：创造自由论

在80年代的思想解放的社会语境中，实践美学本身是支脉较多、众花齐放的，美学理论观点也是多元、开放的。面对不断而来的质疑和挑战，以李泽厚、刘纲纪、周来祥、蒋孔阳等人在维护实践美学的前提下，都对实践美学进行了反思和调整。这一时期，由跟随李泽厚到对李泽厚实践美学进行颇具代表性的修正反思的，首先要数刘纲纪及其创造自由论的实践美学观。

刘纲纪坚持实践美学的实践论基础，依然从实践之主客关系中展开审美活动的分析和理论建构。其一，刘纲纪对“实践”概念进行了新的理解和研究。他认为，在马克思那里“实践”是指人类的物质实践，它有三个特点：一是既是满足生存需求的物质实践，又是创造性的活动，前者对应的是物质需求的满足，后者是精神上的愉悦；二是实践不是个人的，而是社会的；三是实践是客观物质的历史存在。他与李泽厚给“实践”概念的唯一区别在于第一个特征，

① 刘晓波：《选择的批判》，上海人民出版社1988年版，第18页。

即赋予“实践”以创造性，从而给精神愉悦提供了直接的理论依据。正是这种人类有目的、有意识地从自然取得自由的劳动产生了美。刘纲纪的实践美学就是建立在“以物质的自然界为基础的实践的人本主义”的哲学基础之上。其二，美是人的自由的感性具体的表现。刘纲纪从劳动的创造性因素出发，推出美源于实践但又越出实践，进入社会生活领域，具有超越物质性、创造性、个人与社会统一性的特征。“所谓美，就是那通过人类生活的实践创造所取得的，感性具体表现了人的自由的各种对象。”① 在此，刘纲纪在一定程度上避免了李泽厚直接从实践推论美的嫌疑，并局部性地赋予美以感性、个体的因素的非理性特征。其三，美感即从美的对象（社会生活）中看到自身的创造的智慧和才能之后的愉悦。这与李泽厚的观点基本一致，依然从“人的本质力量对象化”解读美和美感。其四，就美学范畴而言，刘纲纪依然划分为美、美感、艺术美三个层面，分类论述。其中，他对自然美的看法基本上与李泽厚的自然美观一致，认为自然美是因为人从自然本身直观到人的创造性才能和取得的自由。根据人在创造性实践中取得自由的不同斗争形式，又将美感划分为优美、崇高、悲剧、喜剧等美学范畴。艺术活动是一种精神现象，起源于人对创造性劳动愉悦感的模仿，是对人类在创造性实践中表现出来的自由的一种艺术反映（不同于科学反映）；艺术美是现实美的反映，艺术的本质即美。

总的来看，刘纲纪对李泽厚实践美学理论上的调整和推进，主要在于对“实践”之自由创造性的挖掘，为审美活动的精神性因素

① 刘纲纪：《艺术哲学》，湖北人民出版社 1986 年版，第 406—407 页。

提供了理论依据。就审美视野而言，刘纲纪的自由创造论显然丝毫没有变动李泽厚所开创的实践美学的审美视野，依然从实践活动推导审美活动，将美的本质看作人对自然的改造，审美范畴、类型的划分及其推导，等等，在整体上依然遵循着反映还原的方法论。

二　周来祥：实践和谐论

作为80年代稍晚的实践美学流派代表，周来祥的实践和谐论美学思想也是在实践之主客关系模式中展开的。他在吸收李泽厚实践美学基本观点基础上兼顾朱光潜的主观性，提出实践和谐论美学观。其主要观点有三：其一，坚持实践本体论，认同实践即物质生产。其二，审美不是直接来自实践，提出审美关系说。自然的人化创造了审美对象、审美主体以及二者之间的审美关系，实践与美之间以审美关系为中介。美的本质须从审美关系入手。人与自然的实践仅作为美的本质的前提，审美对象和审美主体互相决定、互为条件；美不在纯粹客观，也不在纯粹主观，而在二者的相互关系中。当客观的规律性与主观的目的性统一，即在审美关系中的自由和谐就是美，“美是和谐”。“人的劳动实践，人的本质力量对象化，是美产生的根源和一般的本质，和谐自由则是美的根本特征。”[①] 其三，从客观看，美介于真和善之间，是真与善的和谐统一；审美则介于理智和意志之间，是理智和意志的和谐统一；艺术是对人和自然的自由关系的反映。从“美是和谐”的抽象规定，即主客体对立统一中，

① 周来祥：《古代的美　近代的美　现代的美》，东北师范大学出版社1996年版，第48页。

推演出优美、崇高、悲剧、喜剧和谐美等范畴。

总的来看，周来祥对实践美学理论的最大推进在于，提出了审美关系说。在主体作用于客体的实践活动中，抽离出来介于审美主体、审美对象之间的审美关系，由此来推演美学理论，比刘纲纪更为彻底地避免了直接从实践推导美的质疑，同时试图将审美活动放在超越物质实践的抽象关系中来理解，显示出脱离认知视野的努力。但是，周来祥对于“实践”概念地位在美学领域的笃定和对反映—还原逻辑的自觉遵守，都使他的努力重新掉入实践之主客认知视野的万丈深渊。

三　蒋孔阳：实践创造论

一般认为，蒋孔阳的实践美学思想是对 80 年代的实践美学流派各种思想的一个总结，在李泽厚实践美学的基本框架上，糅合刘纲纪的自由创造和周来祥的美在审美关系的观点，由此提出的“多层累积创造”说融合了实践的理性与精神的感性、社会与个体等二元对立概念。具体来看有三：其一，坚持实践本体论，对“实践”概念做宽泛的理解——包括劳动生产、艺术创造和审美欣赏。其二，主张从审美关系中推演美的本质。审美关系即产生于生产劳动中。在生产劳动中，复杂的现实客体与复杂的主体之间形成复杂的实践关系，审美关系以形象性、直觉性、自由的、整体性和情感性与认知关系、伦理关系区分开来。那么，美即“人的本质力量对象化”。此处，“人”既是个体也是群体，“本质力量的对象化”既指群体性的物质实践活动，也指个体性的精神意识活动。“美是一种客观存在的社会现象，它是人类通过创造性的劳动实践，把具有真和善的品质的本质力量，在对象中实现出来，从而使对象成为一种能够引起爱慕和喜悦的感情的观赏对象。”① 美感则是直观到人的本质力量显现于客观美之上所引起的愉悦，是对客观美的反映。但美并不能决定美感，因为美感是个人主观的精神性活动。艺术美的本质即人的本质，即在不断的创造中。其三，美是人的本质力量对象化，美产生于审美关系中。不同的审美主体与不同的审美客体发生不同的审美关系，创造了不同的审美范畴，如美、崇高、悲剧、喜剧等。

概括而言，蒋孔阳的实践美学的逻辑可以概括为：实践产生审美关系，美在审美关系中，美感是对美的反映，自然美是美的一种形态。蒋孔阳一面扩大实践概念的内涵，一面将美的本质的规定从实践活动抽离到审美关系中，又赋予审美主体和审美客体不断的创造和更新特质，从而追求在实践本体论的基础上融合各种分裂对立的二元范畴，给审美活动拓展独特的活动空间等。蒋孔阳丰富、发展了实践美学。但从根本上来看，这里所有审美的元素仍然在实践的框架下进行；美本身仍在于客观，仍是人的本质力量对象化的实践功利性结果；美感仍是美的反映。这一切在根本上并没有脱离实践之主客的关系视野。

由上简单的分析，可以看出刘纲纪、蒋孔阳等稍后的实践美学，有的试着突破将实践与审美等同的直接性，如审美关系说、审美创造说，或者将实践概念拓展为物质和精神活动，进而将美的本质或根源放置在超越现实物质的精神领域，等等。他们在逻辑起点和理

① 蒋孔阳：《蒋孔阳全集》（第3卷），安徽文艺出版社1999年版，第631页。

论观点上进行了些微修改，在避免审美忽略主观性、精神性、二元对立等问题上都起到了积极的矫正作用。但在根本上依然直接把历史唯物主义的原理套用在美学基本问题上，在逻辑体系、方法论和精神面貌方面却与李泽厚的实践美学保持高度一致：坚持实践本体论，认为“实践”概念指物质生产的基本样式，美根源于实践，美是客观的，美感是对美的反映，艺术美是对现实美的反映。可以说，活跃于 90 年代前后的他们依然延续着 80 年代“美学热”中实践美学的问题意识和拓展思路，其思想视野一直延续着自 50 年代以来的认知视野，在根本上只是对于“实践”概念或理论观点的稍微修补，并未在整体上形成对“实践”本体质疑、更换的意识，因而，他们的努力只能算是实践美学内部的完善或修补。

虽然早在 50 年代朱光潜就对将审美当作认识的观点提出批评，在 80 年代有高尔泰的主观说加以抵抗，但审美视野的错位在这一时期尚未成为普遍的问题意识。

第二节　新实践美学的发展路径

如果说 90 年代前后几年实践美学的修正和拓展还限于实践论内部的话，那么，90 年代中期尤其是 20 世纪末，新实践美学对于实践美学的更新和推进则是从实践论向外扩散。这使得新实践美学的思想视野变得朦胧起来，不再似新时期实践美学的思想视野那么了然可辨。

新实践美学是在应对后实践美学的挑战中出场的。90年代中期，随着知识转型和后现代思想的大量涌入，学界对传统理论、权威开始普遍质疑，主体性实践哲学带来的人的客体化、对象化问题也遭到攻击。在美学领域，实践美学被推向风口浪尖，掀起了一场延续至今的实践美学之争。这次论争的焦点是：逻辑起点、美的本质、审美与实践的关系、美感是对美的反映、主客二元对立的认识模式等根本性问题，以及将审美等同于实践，导致审美的“理性化”“现实化”“物质化”，忽视了审美的“超越性”“纯精神性”“个体性”等特征。[①] 虽然实践美学从20世纪50年代就不断遭受各种批判和围攻，甚至可以说实践美学就是在这论辩中完善和成熟的，但90年代中期由后实践美学发起的批判涉及实践美学的各个方面，尤其是将批判的目标对准“实践”本体，代之以生命、生存本体，并以此为根基和逻辑起点，批判地建构新的美学理论体系。[②] 它冲击了整个实践美学体系，进一步促使我们思考实践美学的哲学根基及其学科视野。

后实践美学的重磅出击并不是一时心血来潮，而可以看作审美—感性积压的一次理论总爆发。早在50年代朱光潜在《论主观性与客观性的统一》一文中就对客观论美学抛弃审美经验的状况进行

---

① 杨春时：《走向后实践美学》，《学术月刊》1994年第5期。

② 代表观点有：潘知常的生命美学（潘知常《生命美学》，河南人民出版社1991年版；《诗与思的对话》，生活·读书·新知三联书店1997年版；《生命美学论稿》，郑州大学出版社2002年版）、杨春时的超越美学（杨春时《生存与超越》，广西师范大学出版社1998年版；《走向后实践美学》，安徽教育出版社2008年版）、王一川的体验美学（王一川《审美体验论》，百花文艺出版社1992年版；《意义的瞬间生成》，山东文艺出版社1988年版）、张弘的生存美学（张弘《临界的对垒》，吉林人民出版社2000年版）。其中影响最大的是生命美学和超越美学。

了质疑，80年代刘晓波批判实践美学执着于理性主义、集体性的靶子再次成为后实践美学批判的风向标，高尔泰等人对感性、主观的执着也为后实践美学提供了精神养分。正因为有着持久的理论铺垫和恰当的时机，后实践美学对实践美学的攻势才显现出前所未有的凌厉。

面对挑战，新实践美学的努力方向是将后实践美学对它的质疑和提出的新本体吸收、融合在实践本体论中。那么，在实践美学内部，如何吸收融合呢？新实践美学采取的途径有二：一是泛化“实践”内涵，一是借助后现代思想更新实践论。面对后实践美学连根拔起的强势攻击，新实践美学之所以能迅速崛起形成自己的理论体系并有效地抗衡后实践美学，不但因为实践美学为之提供了完善的理论框架和逻辑基础，而且刘纲纪等人对实践美学的持续探索隐约地为其开启了航向。虽然之前刘纲纪、周来祥、蒋孔阳等人对实践美学的反思和推进仅限于它内部的细微调整，但在实践论上打开了一个可以嫁接其他各种思潮理论的接口。在这个接口上，新实践美学向后既能坚守实践本体论，向前又可以实现精神自由的软着陆。邓晓芒、易中天、张玉能、朱立元、曾繁仁等人的新实践美学理论就是沿着这一路径向前推进的。就学科视野而言，这一推进使审美活动分析所展开的视野与实践的关联显得不再那么直接，此时的学科视野显得更像是一个迷局。下面分别介绍三位新实践美学家的探索。

一　邓晓芒：返回审美视野的探索

在后新时期，率先对实践美学做出全面、深刻、系统反思和推进的要数邓晓芒。他与易中天合著的《走出美学的迷惘》[①]一书，以极为思辨的语言和严密的逻辑体系，将马克思主义与“中国古代重情感、重体验的美学传统结合起来”[②]，将审美的最终目的归结到人自身，“造就出一种‘中国式’的马克思主义美学体系”[③]。尤其最后一章“美学之谜的历史解答（新实践论美学大纲）”集中体现了他对于新实践美学的理论建构。

邓晓芒清醒地对实践在人类活动中的地位和作用做了基本的限制。他认为，“马克思主义的实践论只是为理解人类精神现象提供了历史前提。在这里，一切人类精神现象并没有被还原为物质生产劳动的客观过程，而是指示人们如何从精神生活与社会现实生活的密切关系中，从精神在物质生产劳动中的历史起源和历史发展中，去把握精神活动的规律性”[④]。从人类实践推演出审美活动只是美学的开始，而美学研究的本题是美的本质及其一般规律。他分别从艺术发生学、审美心理学、美的哲学相继考察了实践美学发生的根源、心理结构、本质原理诸层面，以重新定位实践美学。下面分四部分予以论述。

第一，对“实践”的再理解中区分审美发生的根源。邓晓芒在刘纲纪“实践”概念的基础上继续推进：“实践首先是一种‘客观现实的物质性的劳动’……但是，实践又是一种有意识、有目的、有情感的物质性活动……它把人的主观性和主体性作为自身不可缺

① 邓晓芒、易中天：《走出美学的迷惘》，花山文艺出版社 1989 年版，后经修订，再版为《黄与蓝的交响》，人民文学出版社 1999 年版；第三次修订后，再版为《黄与蓝的交响》，武汉大学出版社 2007 年版。

② 邓晓芒、易中天：《黄与蓝的交响》，武汉大学出版社 2007 年版，第 317 页。

③ 邓晓芒、易中天：《黄与蓝的交响》，武汉大学出版社 2007 年版，第 317 页。

④ 邓晓芒、易中天：《黄与蓝的交响》，武汉大学出版社 2007 年版，第 371 页。

少的环节包括在内。”[①] 劳动包含了物质性和精神性两个层面，“实践既不是一种纯主观的东西，也不是一种纯客观的东西，而是‘主客观的统一’”[②]。通过返回“实践”，“从人的最根本的物质生产活动中发现人的全面丰富的本质要素，以从中引出人的一切人化活动包括审美活动的根据”[③]，从而为审美研究的内转——回归美学领域创造了前提。

第二，审美心理结构。从“实践”根源上，邓晓芒考察审美心理结构的形成。正是“有意识”的实践劳动，使直观的“表象”上升为人的“概念”，“欲望”上升为“意志”，“情绪”升华为“情感”，塑造了人区别于动物的“自我意识”。它具有“三维性”——认知、伦理和情感。“真、善、美的人学基础是知、情、意三种精神能力，它们是在人类生产劳动中产生出来、升华出来的。其中，情感能力更是集中反映了人性的全部内涵。”[④] 与对规律的把握的知识、支配人的选择的意志不同，情感是在人与对象、工具和产品之间保持一种超认识、超功利的精神关系，这“情感”便是为审美活动立法的根据。邓晓芒认为，纵然审美中有认识和伦理的因素，但规定审美的只能是情感。“美学的人学基础不是别的，就是人的情感能力。”[⑤]

第三，美的本质。邓晓芒从“实践”根源出发，进一步澄清审美并不直接源于实践，它仅是审美的前提和条件，认为应该“从人

① 邓晓芒、易中天：《黄与蓝的交响》，武汉大学出版社 2007 年版，第 318 页。
② 邓晓芒、易中天：《黄与蓝的交响》，武汉大学出版社 2007 年版，第 318 页。
③ 邓晓芒：《什么是新实践美学》，《学术月刊》2002 年第 10 期。
④ 邓晓芒、易中天：《黄与蓝的交响》，武汉大学出版社 2007 年版，第 394 页。
⑤ 邓晓芒、易中天：《黄与蓝的交响》，武汉大学出版社 2007 年版，第 394 页。

与人之间的情感关系入手来研究美的本质”[①]。“从实践中如何包含美的‘因素’以及在历史发展过程中这些因素如何一步一步独立出来成为‘纯粹的’美（审美和艺术）的过程中，来发现和确定美的本质”[②]，从人在物质生产中形成的自我意识中的情感来规定美的本质。美的规律不再是按照蔡仪的客观对象的内在尺度，也不是李泽厚、刘纲纪的主体性的尺度，而是情感的内在尺度，美的规律即“情感的对象化”。明确将情感确认为审美活动的尺度，是在实践美学内部的美学研究对象的一大跨越。

然而，邓晓芒这里所谓的情感是承载了人人关系的中介物，而具有一定的功利性色彩。在邓晓芒看来，情感指向的不是对象化的物，而是另一个人的情感，“审美活动本质上是人借助人化的对象而与别人交流情感的活动”[③]。审美的产生，正在于人与人之间产生这种情感上的共鸣，“艺术和美是通过人与物的关系所表现和实现的是人与人的关系，并且是一种精神关系，即情感关系”[④]。

第四，邓晓芒从“对象化了的情感”出发，进入艺术和美的分析，对美学的一系列基本问题作了新的解答。诸如美的客观性问题，与以往将美的客观性归结于客观性现实事物不同，情感论认为美的客观性在于其所传达的情感的社会普遍性，即“共通感”。艺术和美即在情感传达过程中，“作为个别意识活动和普遍意识形态的辩证统一体而相互关联着”[⑤]。“艺术是给情感的内容赋予对象化的形式，

① 邓晓芒、易中天：《黄与蓝的交响》，武汉大学出版社 2007 年版，第 390 页。
② 邓晓芒：《什么是新实践美学》，《学术月刊》2002 年第 10 期。
③ 邓晓芒、易中天：《黄与蓝的交响》，武汉大学出版社 2007 年版，第 378 页。
④ 邓晓芒、易中天：《黄与蓝的交响》，武汉大学出版社 2007 年版，第 332 页。
⑤ 邓晓芒、易中天：《黄与蓝的交响》，武汉大学出版社 2007 年版，第 379 页。

美是以对象化形式体现着的情感的内容”[1]，二者是辩证统一的。现实美偏重于审美内容方面的，即情感；艺术美偏重于形式方面。作为对个体情感的传达的体验的美感，它既有个体的、相对的一面，同时也是社会的、普遍性的，成为一切审美和艺术的最终标准。就美与真的关系而言，审美不同于认识，审美是人性的真，是情感的真；就美与善的关系而言，美是超功利的，美有助于促进人的自由意志。

由上分析可见邓晓芒的“新实践美学大纲”的建构有四点：一是认为实践对于审美只有本源地位，不能把实践还原为物质生产，审美不等于实践；从人类实践推演出审美活动只是美学的开始，强调美学要寻求的是美的本质及其一般规律。二是强调劳动的精神性，将人的自我意识中的情感作为审美的根据，审美主客体之间不再是认识或反映的关系，而是情感的“适合性、融洽性”[2]，这就将审美活动与认识活动区分开来。三是对于审美心理学部分，采用现象学的方法论，某种程度上避免了审美活动的直接社会学还原。四是将审美与人性的完善联系了起来，实践论美学是实践论人学的一部分，将审美的根源深入人的全部视野，就为成功地克服现代性的异化提供了根据。

邓晓芒以哲学家的远见卓识清醒地意识到了实践不等于审美，实践之主客关系并不能为审美活动提供阐释根据，美学的本质是超功利的，实践美学的审美视野是扭曲的等问题，他所要努力的就是

① 邓晓芒、易中天：《黄与蓝的交响》，武汉大学出版社 2007 年版，第 379 页。
② 邓晓芒、易中天：《黄与蓝的交响》，武汉大学出版社 2007 年版，第 375 页。

让美学回到自身的领域。但是，他是怎么做的呢？他的整体思路是以物质生产为起点，“从发生学的角度去打开人的感性的心理学和整个人的本质力量的巨大书卷”①。他所遵循的依旧是社会发生学的历史还原，试图通过实践—物质和精神—审美—美的本质—美学逻辑展开这样一条原始路径去追回李泽厚实践哲学所失落的审美—感性维度，因为他始终坚持“以人的实践为艺术和审美的一般原理的逻辑起点”②，却不曾想和李泽厚一样陷入了发生学的历史描述，和李泽厚一样没有给审美活动本身的分析留下应有的空间。

二　张玉能：对实践美学的泛化

和邓晓芒不同，张玉能并没有从哲学的高度在学理上做出廓清审美视野的努力，而是直接继承了实践本体论的思想，一方面将实践概念泛化，另一方面向解构主体中心论的后理论方向推进。总的来看，张玉能的美学理论在继承蒋孔阳美学思想的基础上引入后现代理论思想，将实践美学的发展推向后理论的方向。具体而言，有以下四点。

第一，坚持实践本体论的立场，认为美内在于实践之中。从维护实践美学的立场出发，提出“实践”本身是一个具有多层累性和开放性特征的概念。“所谓实践的多层累性就是，实践本身是一个多层次累积的结构；所谓实践的开放性就是，实践并不是一个一成不变的结构，而是随着时间和空间及具体条件不断调节和变化的、恒

① 邓晓芒、易中天：《黄与蓝的交响》，武汉大学出版社 2007 年版，第 317—318 页。
② 邓晓芒、易中天：《黄与蓝的交响》，武汉大学出版社 2007 年版，第 317 页。

新恒异的结构。"[①] 它包括物质交换层、意识作用层、价值评估层。三个层次在层递累积和交错作用下使美具有外观形象性、情感超越性和美的自由性。"实践的含义和结构是多层累和开放的，因而内在于实践的含义和结构的美和美学问题也是多层累和开放的，实践的含义和结构也就内在地规定了美和美学问题的特征。"[②] 在总体立场上，张玉能坚持实践作为规定审美活动的最终阐释语境。

第二，"实践"概念的泛化。在将审美活动的规范依据归结到实践上之后，张玉能对"实践"做了更为宽泛化、基础化的理解。他认为，人的实践活动不单单只有物质生产，而是"一个以物质生产为中心的包括物质生产、精神生产和话语实践的完整整体"[③]，是"人们为了实现自己的生存而进行的处理人与自然、社会、他人之间关系的感性的、现实的活动"[④]，包含了三种实践类型："从具体表现形式上分为：物质生产、精神生产和话语实践；从发展程度上分为：获取性实践、创作性实践、自由（创造）性实践。"[⑤] 由此，给审美活动提供了相对丰富的阐释空间，张玉能并不止于此，还在人人关系领域赋予"实践"主体间性，"这三类实践都是既有主客体间性的，又有主体间性的"，所以，"实践美学并不是一种纯主体性的美学，也不是一种唯主体间性的美学，而是一种全方位的关系性

① 张玉能：《实践的结构和美的特征》，《华中师范大学学报》（人文社会科学版）2001 年第 1 期。

② 张玉能：《实践的结构和美的特征》，《华中师范大学学报》（人文社会科学版）2001 年第 1 期。

③ 张玉能：《实践的自由是审美的根本》，《学术月刊》2004 年第 7 期。

④ 张玉能：《实践的自由是审美的根本》，《学术月刊》2004 年第 7 期。

⑤ 张玉能：《实践的自由是审美的根本》，《学术月刊》2004 年第 7 期。

美学，这正是由实践的概念所规定的"[1]。由此，在张玉能这里，"实践"不仅内在地规定审美，还内在地规定人人关系伦理，实践美学成了无所不包且能够融解一切的精华黑洞。

第三，美的本质即自由的创造。从"实践"之精神生产的视角，张玉能进一步将审美活动的发生确认为从人与自然之实践的"双向对象化"。与李泽厚一样，张玉能认为美根源于实践之主客的"双向对象化"——自然的人化和人的自然化，不同之处在于，李泽厚"人化"的尺度是"人"，而张玉能则是"一切物种"。张玉能依照"一切物种的尺度"，将这种泛化的实践之主客关系推向人类所有活动领域，使得人与自然的"双向对象化"得以实现的正是自由的实践，"实践—创造的自由使人超越自我和世界而生成审美"[2]。张玉能从"双向对象化"的实践角度，推导"这种审美关系，既是对象能满足人的审美需要，人也要求对象满足自己的审美需要的主客体之间的特殊关系"，进而在这一双向过程中同时生成美和美感，"审美关系在客体上生成为美，而在主体上生成为美感"[3]。实则，审美活动在张玉能这里仍然是一种功利性活动。

进一步，张玉能借助美和美感同时生成的特性来实现克服现代性分裂的使命，"实践是唯一一种能够超越一切客体与主体、理性与感性、个体与社会、物质与精神、主客体间性与主体间性等二元对立的超越的动态过程，而且也是一种人类超越现实并且自我超越的

① 张玉能：《实践的自由是审美的根本》，《学术月刊》2004年第7期。
② 张玉能：《实践的自由是审美的根本》，《学术月刊》2004年第7期。
③ 张玉能：《实践的自由是审美的根本》，《学术月刊》2004年第7期。

开放过程”①。“实践美学正是以这种唯一可以统一主体与客体对立的‘以物质生产为中心的社会实践’来建构一个不断实践的、达到自由王国的审美王国。”②

第四，范畴展开。由美的本质是自由的创造性实践，因而美可以定义为显现人类自由的肯定价值，美感即对显现人类自由形象的自由的感应，艺术是审美关系的集中表现形式。从实践创造与自由的关系出发，张玉能分析了形式美和自然美。形式美和自然美的解释和李泽厚的观点基本一致，此不赘述。

总的来看，张玉能的新实践美学理论，一方面，将“实践”泛化为无所不包的活动，并将这种实践推向人类所有关系领域。与李泽厚将狭义“实践”活动推向基础化不同，张玉能俨然将泛化了的“实践”活动推向基础化，由此，一切关系都是相互的、主体间性的，一切都是可以相互融合的等，实际上，这样就等于抽空了所有的内在规定性，变成在“实践”空架子里的随意演绎。张玉能对实践本体的坚持在一定程度上走向了它的反面消解。另一方面，张玉能的美学思路是：实践本体论；美的本质根源于“自然的人化”说；在审美关系中审美主体产生美感，审美对象则是美的，美感是美的反映；展开美学的范畴论证。这种逻辑思路依然遵循着实践之主客关系的模式，又因为将“实践”理论内涵上的普遍泛化从而导致活动内在规定的丧失，将扭曲的审美视野进一步模糊化。

---

① 张玉能：《实践创造的自由与美和审美》，《汕头大学学报》（人文社会科学版）2003 年第 5 期；张玉能：《实践的自由是审美的根本》，《学术月刊》2004 年第 7 期。

② 张玉能：《实践的自由是审美的根本》，《学术月刊》2004 年第 7 期。

三　朱立元：实践存在论的后理论化

与邓晓芒、张玉能不同，朱立元对实践美学的推进在于他对实践论的更新，一面吸收蒋孔阳“以实践论为哲学基础、以创造论为核心的审美关系理论”[①] 的理论观点，另一面援引西方后现代存在论思想（特别是海德格尔的存在论思想）改造实践美学的哲学基础实践论，在整体的思想视野上为重新归属审美活动的视野提供了一次契机。朱立元试图通过创建实践存在论美学，一方面，“跳出主客二分的认识论思维方式”，另一方面，将审美活动与人生联系起来，“把审美活动作为一种基本的人生实践，把广义的美作为一种人生境界，从而走向实践存在论美学”[②]。实践存在论美学即“在本体论（存在论）层面上把实践概念与存在概念在马克思主义唯物史观的基础上结合起来，然后依照实践存在论的思考框架来解说各种审美现象”[③]。高校教材《美学》[④] 一书集中体现了他实践存在论美学观和理论体系。朱立元的实践美学创新有以下四点。

第一，实践存在论美学的哲学基础。“当代中国美学，应当以马克思主义的唯物史观为哲学基础，即以马克思的实践论和存在论为主干，同时吸收人类思想史上各种哲学思想的精华，来确立自己的哲学基础。”[⑤] 朱立元认为，要避免既往美学主客二元的认识论框

---

① 朱立元主编：《美学·后记》，高等教育出版社 2007 年版，第 451 页。

② 朱立元：《走向实践存在论美学——实践美学突破之途初探》，《湖南师范大学社会科学学报》2004 年第 4 期。

③ 朱立元主编：《美学·新版后记》，高等教育出版社 2007 年修订版，第 453 页。

④ 朱立元主编：《美学》，高等教育出版社 2001 年初版，2007 年修订版。

⑤ 朱立元主编：《美学》，高等教育出版社 2007 年修订版，第 57 页。

架，从人生在世这一存在论维度切入是一个较好的尝试。“所谓人生在世，简言之，即人在世界中存在；展开说，即人与世界在相互依存融为一体的关系中双向建构、生成发展。”[①] “人生在世”表明，人和世界都不能孤立地存在，人与世界的关系是一体圆融、双向建构的关系，而且人和世界不是现成的，而是在生存中生成的。“人生在世”为美学建构打开一个新的哲学维度：“一切审美意义和审美价值的追问都必须突破主客二分的单纯的认识论思考框架，深入人类生存实践活动的历史现实层面，深入人和天地万物的存在意义和存在价值发生显现的始源境域。”[②] 由此，朱立元按照海德格尔向源始回返的路径，将人类的审美、实践行为融解于存在中。

第二，“实践”概念的存在论化。那么，“实践”概念是如何与这种“人生在世”之存在论融合的呢？朱立元的存在论思想虽然直接来自海德格尔，但他回到马克思的思想理论中做了求证，认为早在马克思那里就已经蕴含了存在论思想，“实践”概念和存在概念是内在融通的。因而此处的“实践”就被存在论化了，“既包括最基础的物质生产活动，又包括政治活动、道德活动、审美艺术活动和其他种种精神生产活动，以及广大的日常人生活动。实践概念涵盖着人的整个社会生活”[③]。“实践”成为人的最基本的存在方式。“在马克思那里，实践、现实和社会关系不是彼此分割的三个视野，而是一个统一的整体视野，也就是实践论与社会存在论统一的视野。”[④]

审美便产生于这种生存实践中的自由，“人在生存实践中，在内

① 朱立元主编：《美学》，高等教育出版社 2007 年修订版，第 57 页。

② 朱立元主编：《美学》，高等教育出版社 2007 年修订版，第 57 页。

③ 朱立元主编：《美学》，高等教育出版社 2007 年修订版，第 59 页。

④ 朱立元主编：《美学》，高等教育出版社 2007 年修订版，第 60 页。

不受功利欲望的支使，在外不受他者他律的限制，而全身心沉浸于天地万物一体的关系，与天地万物一道，自己如此地生成、显现、运作、存在，便是人生在世的自由状态。人生在世一旦达到自由状态，审美情境就会应运而生"①。"审美是一种基本的人生实践"，"广义的美是一种特殊的人生境界"②。

第三，实践存在论美学的本质。由存在论出发，朱立元坚持美是生成的而不是现成的观点，以审美关系为研究的起点。

首先，正因为人生在世，人与世界之间处于双向建构的存在关系，所以，实践存在论美学的美和美感、艺术等范畴便不是固定的、现成的客体，而是在人与世界的实践中生成的，因而美和美感、艺术不再从客观现实中发现，而是必须到审美关系、审美活动中去规定。只有在审美关系中，审美主体才通过确证到自由的肯定性质而具有美感，审美对象也才具有美的性质。"只有在审美关系、审美活动（审美关系的展开）之中，才能形成所谓的审美主体与审美客体；只有通过具体的审美活动，主体才成为现实的审美主体，对象才成为现实的审美客体。"③

其次，在"人—世界一体的存在论"关系模式中，审美关系不是认知关系，而是体验关系，是人与世界之间的自由关系，"是根植于人生在世的审美主体与审美对象之间的自由情感关系"④。因而，它是超功利的。在审美活动中，美体现为"人与世界和谐化一构成

① 朱立元主编：《美学》，高等教育出版社 2007 年修订版，第 62 页。
② 朱立元主编：《美学·后记》，高等教育出版社 2007 年修订版，第 451 页。
③ 朱立元主编：《美学》，高等教育出版社 2007 年修订版，第 65 页。
④ 朱立元主编：《美学》，高等教育出版社 2007 年修订版，第 64 页。

的自由境界的显现”[①]，美感则体现为“主体直观到了超越现实功利、伦理、认识的自由人生境界，体验到了人与世界的存在意义而产生的自由感、幸福感和愉悦感”[②]。由此在实践存在论上朱立元将审美活动向后拉入一个更为宽广的存在论中，将审美活动与人生直接联系在一起，在此勾连一切的实践活动和统一的整体视野中，审美是自律的、无功利的。

第四，实践存在论美学的逻辑展开。朱立元在实践之存在论的关系视野中展开有关美学理论的建构，其逻辑构架是：“审美活动论—审美形态论—审美经验论—艺术审美论—审美教育论。”[③] 根据审美活动和审美关系于审美主体和审美客体的关系而区分出审美形体和审美经验。在自由实践的审美关系中，“审美活动、审美关系偏重于客体方面的呈现便生成为各种各样的审美形态；而审美活动、审美关系偏重于主体方面的体现便是丰富多样的审美经验”[④]。其一，审美形态是“审美活动中当下生成的自由人生境界的对象化、感性表现形式和具体存在和状态”[⑤]。人生境界是丰富多样的，因而审美形态包罗了人生在世的诸种情感，从逻辑上归类，在西方有崇高、优美、悲剧、喜剧、丑和荒诞等审美范畴，在中国则有中和、神妙、气韵和意境等。其二，审美经验是一种人生体验，与自然态度的日常经验不同：在审美经验中，感性是重要的部分，感性不再是理性主宰下被悬置的、无意义的，感性本身展现着一种存在的意义，是

① 朱立元主编：《美学》，高等教育出版社 2007 年修订版，第 67 页。
② 朱立元主编：《美学》，高等教育出版社 2007 年修订版，第 68 页。
③ 朱立元：《简论实践存在论美学》，《人文杂志》2006 年第 3 期。
④ 朱立元主编：《美学》，高等教育出版社 2007 年修订版，第 66 页。
⑤ 朱立元主编：《美学》，高等教育出版社 2007 年修订版，第 67 页。

“有意味的形式”；在审美经验中，感性整合着理性，“人始终面对事物直接的感性展示，始终让事物自己显现自己”[①]；在审美经验中，感性提升着欲望，因为主体所关心的不是现实的功用和利益，而是“虚化的意义对象和对象意义”[②]。其三，艺术审美论。艺术的本源与美的本源是一致的，“在人生在世，人的生存实践”[③]。在实践存在论的视野下，艺术包括了创作、作品、接受的全过程，它一旦作为审美客体被纳入审美活动，就成为高级的审美对象。可以说，狭义的艺术创作“最集中、典型地体现、凝结了审美活动的诸方面”[④]。广义的艺术指所有的审美现象，包括了人的实践的所有方面。“艺术以最高的形式表征、创造和开显着不同的人生境界。艺术的旨趣是推进人生的美化。”[⑤] 其四，审美教育论，即通过审美活动提高人的审美能力和人的素养。“无论是狭义还是广义的美育，都不只是增进个人修养学识的手段，而是内在地相关于人生在世，即以人生整体的培育、人生境界的提升为指归的。”[⑥]

总的来看，朱立元在实践存在论的视野中建构了相对完整而成体系的美学理论，他对于实践美学的推进主要体现在：其一，将“实践”进一步泛化为勾连整个社会生活的总体性概念，将“审美—实践—人生”联系在一起，将审美提升为与人直接相关的本体高度；其二，用存在论视野弥合了主客二元对立，使主客处于不断融合、双向建构的状态；其三，以自由为中介，避免了审美之间导

① 朱立元主编：《美学》，高等教育出版社 2007 年修订版，第 69 页。
② 朱立元主编：《美学》，高等教育出版社 2007 年修订版，第 69 页。
③ 朱立元主编：《美学》，高等教育出版社 2007 年修订版，第 70 页。
④ 朱立元主编：《美学》，高等教育出版社 2007 年修订版，第 70 页。
⑤ 朱立元主编：《美学》，高等教育出版社 2007 年修订版，第 70 页。
⑥ 朱立元主编：《美学》，高等教育出版社 2007 年修订版，第 71 页。

源于实践的尴尬；其四，结合中国美学思想来论证存在论美学的合理性，显示了中国本土化的创造且更容易让人接受。但是：其一，审美活动的发生（自由）仍然建立在人类实践史的发生学考察上；其二，仍然按照主—客之实践关系模式来二元区分美/美感、审美形态/审美经验；其三，审美活动被等同于实践，进而被融进人生在世的原始混沌，变相取消了审美活动自我确认的活动依据和直接显明自身的现象学根据；其四，审美≠实践≠存在，审美无功利性实则实践超越性的转换假设。朱立元的实践存在论美学遵循着实践美学最初的反映—还原逻辑，一则泛化“实践”概念给审美提供人性论基础，一则在存在论的原始视域中融合一切、克服异化的美好设想，都因视野归一取消了活动反思自身、规定自身的学理依据而烟消云散。

整体而言，这一时期的实践美学的反思和推进，不仅延续了刘纲纪等人对“实践”概念再理解的任务，而且试着将“实践”与现代性危机联系起来，走向后现代性的批判立场上去了。

第三节　实践美学审美视野的持续扭曲

针对高尔泰、朱光潜、刘晓波等人对实践美学提出的质疑——“美的本质等同于美的来源”“从实践中推导美”、理性主义等，实践美学家对实践美学理论进行了持续的探索和更新。这里要思考的是，就审美视野上的角度而言，他们的实践美学理论是否开始意识到并反思实践美学在审美视野上存在的问题，他们对于实践美学理论的推进是否使审美活动走出了实践的认知视野，并为审美活动提供应然的审美视野。下面分两部分来论述。

一　新实践美学审美视野扭曲的持续深化

从前两节的分析可知，刘纲纪、蒋孔阳等人对于实践美学的推进，是在实践美学内部的调整，基本上依旧遵循着实践美学既有的学科视野。而稍后崛起的新实践美学则在理论上沿着刘纲纪、蒋孔阳等推进的方向继续纵深，同时试着对实践论这一哲学根基进行更新，由此在学科视野上一方面深化审美视野的错位，另一方面走向了审美主义。下面从两个角度予以论述。

（一）80 年代：对实践美学学科视野的延续

实际上，80 年代李泽厚之外的实践美学理论，依然坚持实践论的哲学基础地位，在实践之主客关系视野中展开审美活动的分析。针对学界“审美的本质不等于审美的来源”“直接从实践中推导美”等问题的质疑，刘纲纪、蒋孔阳等人分别在不同的理论观点上做了局部修正和调整。例如刘纲纪提出自由创造论，在“实践”概念上生出精神性的一维，为审美活动提供了内在根据；强调创造性在实践中的能动作用，避免美与实践的直接关系。周来祥则认为实践和美之间存在审美关系的中介说，因而，在审美关系中审美主体与审美客体的和谐产生了美。蒋孔阳则综合了前者，将“实践”进一步扩展，强调审美关系的中介性，美的本质在创造中不断生成，等等。

这些活跃在80年代中后期到90年代初的实践美学家，与李泽厚的不同之处在于，对“实践”概念物质生产的基础上延伸出精神的独立空间，为美的产生重新提供根据，在有关美直接源于实践的直接推演，变成多层次的间接推演，整体上在实践与审美之间设置了更有弹性的演绎空间，因而丰富了实践美学理论，推动了实践美学的发展。

问题是，他们在实践美学的审美视野上毫无改变，甚至对审美视野的扭曲问题缺乏自觉的反思意识。就逻辑思路而言，他们与李泽厚的实践美学存在着极大的一致性：坚持实践本体论——美的本质根源于实践，美是真与善的统一——美感是美的反映，艺术美是对现实美的反映，是美的集中、典型——审美范畴及审美经验展开。显而易见，刘纲纪、周来祥等人对于实践美学的推进，目的并不是要归位审美视野，将审美活动与实践活动一起并列为人类的基础性活动，将美的本质与美的根源区分开，相反，他们所努力的是，在坚持实践本体论的前提下，寻找可能阐释精神活动的空间，仅此而已。建构在“实践本体论”基础上的实践美学理论体系，依然没有遵循规范的知、情、意三分的思想视野框架，它所展开的思想视野依然是实践论的主客认知视野，美的本质、审美经验、美学范畴等的阐释都纳入一种认知关系模式，从而，美的本质只能是在人与自然的关系中延伸出来，美感、艺术美的性质只能是对客观现实（美的事物）的一种反映、意识。将审美活动放置在实践的认知视野中寻找规定自我的根据，实践本身就已经抽取了审美—表现之维的存在，审美活动只能被看作实践活动的一种才能获得存在合理性，由此，审美视野的扭曲就成为自然而言、必不可免的结果。

（二）新实践美学：认知视野的突破和模糊

90 年代中后期，哲学基础、逻辑起点、方法论等这些关涉审美视野的根本性问题，成为实践美学发展所必须面对、克服的难题。

首先，在实践论的哲学根基上，针对后实践美学“物质实践如何能够成为哲学和美学的基本范畴”[①] 的犀利质疑，新实践美学派普遍选择了扩大“实践”概念外延的路向，尝试为审美活动提供合法的哲学根据。邓晓芒认为实践活动具有物质性和精神性双重因素；张玉能则将语言哲学的因素括入实践中，将“实践”拓展为“物质生产、精神生产和话语实践”三大类；朱立元从根本上将“实践”纳入了人与世界双向建构的存在论维度。从新旧交替的三个新实践美学代表对“实践”概念的拓展——精神性、语言学、存在论——可以看出，对“实践”内涵的扩展幅度越来越大，最终泛化为“人生在世”的基本形式。

其次，在“实践”概念多元化的同时，新实践美学的逻辑起点也出现多元化——情感传达、自由创造、审美关系等，不再是物质生产的客观实践；在研究对象和范围上，将审美心理学作为重点部分突出出来；在方法论上，呈现出了借用中国古代美学思想中的体验、领悟和西方的分析等多元化的方法论，等等，新实践美学从哲学根基、方法论等根本处对实践美学做出现代性或后现代性的解释和建构，显示出新实践美学为适应新的时代背景和多元理论语境所做出的努力和改变。

---

① 杨春时：《实践乌托邦批判——兼与邓晓芒先生商榷》，《学术月刊》2004 年第 3 期。

且不论新实践美学的“新”观点是否客观合理，论证是否严密有据，就思想视野而言，主客认知的关系模式、认识视野仍旧笼罩着新实践美学展开的思路和言述空间。虽然，新实践美学对于实践美学的推进历程明确显示出美学研究对象由外（实践）而内（生命）的切近，“实践”与审美之间的联系越来越间接、模糊，但这种疏离并不意味着就是向审美活动自身的回归，相反，而是沿着扭曲的审美视野上升到另一个高度上去。无论是将审美放置在人—人的情感传达上，放在创造性实践，还是人与世界双向建构的交融中考察，它们都一致地将“实践”作为理论展开的前提、基础，理论论述永远与“实践”有扯不断的纠葛。问题是，只要实践美学依然坚持实践论，并将它直接或间接地作为逻辑起点和基础性因素，“认为实践不但是历史活动，而且是‘自由自觉的活动’，是人的本质之所在，是人类世界的本原”[①]，甚至赋予它非功利性的现实超越性，那么，人类的一切活动（认知、伦理和审美）在本源上将永远被归并为物质实践，认知、伦理和审美就只能作为实践关系的延伸。这也就意味着，在主客之实践视野中为审美活动提供立法的依据，对审美自身来说，入思方式只能主客二元对立的关系模式，其言述空间永远被局限于认知视野，无论是以物质性吞没精神性的实践美学，还是以物质劳动包容精神活动，美都不是在属己的审美区域内获取规定自我的根据，审美将永远是他律的，而非自律的，审美视野永远是错位的。

就方法论而言，新实践美学遵循的依然是历史社会学还原。新

① 杨春时：《实践乌托邦批判——兼与邓晓芒先生商榷》，《学术月刊》2004 年第 3 期。

实践美学不但没有将研究重心放在审美活动本身的内在分析上，而且经常把美学问题转换为美学发生学的问题，而且："这种内在的转换，要求把自足的一元世界变成非自足的二元世界，然后通过被动地从追溯和还原的途径描述二元世界间的发生渊源的方式，去追问作为终极价值的美"①。例如，将马克思主义挖掘出本有的存在论的朱立元，对审美活动的论证依然是从实践发生学的角度考察，不同之处在于将主客双方同时纳入一个生生不息的过程里，他的建构并没有成功地消弭主客二元对立的认知模式，只不过是将这一对立模糊化、囫囵化，恰恰遮掩了问题的症结。从与马克思主义的关联扩张到与后现代思想的快速联合与更迭中，新实践美学的推进俨然是在既有认识论的扭曲视野中后理论时髦"话语"的转述。

二　新实践美学的陷落

在面对后实践美学的质疑中，新实践美学坚持不懈地对实践美学进行拓展、完善，企望实践美学在新的时代、新的思想语境中具有更为契合的理论合理性。在出发点上，新实践美学的这种努力和意识值得肯定和褒奖。但是，从对实践美学的推进而言，新实践美学的努力方向和理论取向偏离了美学学科规范性建构和时代语境的真正需求，悬置在现实上面凌空虚蹈，渐而湮没在嘈杂的后理论语境中，渐次取消实践美学存在的合理性和理论合理性。新实践美学的陷落表现在两个方面：一是历史合理性上，对李泽厚权利意识的

① 李世涛：《后实践美学与实践美学的批评与反批评》，《甘肃社会科学》2005 年第 3 期。

消解；二是理论合理性上，沿着审美视野的扭曲继续走向审美主义的高涨。下面分别予以论述。

（一）新实践美学对权利意识的消解

实践美学的主将李泽厚在70年代末80年代初提出“主体性实践哲学”，“循着康德、马克思前行”的理论趋向和思想意向是十分明确的，其重点在于借康德“主体性”之名曲折表达人的基本权利、尊严的问题。它与稍早的“人道主义热”、稍后文学领域的“文学主体性”、存在论等思潮一起，作为“启蒙现代性主体性原则的曲折表达———它是中国的权利论哲学在一个独特时代的形而上学的回声”①。“文化大革命”中对人自身的磨灭和之后现代化步伐的加快，需求伸张人的基本权利、维护“公民的自由和尊严”②，同时更迫切需要将这种权利以法律的形式固定下来，加以贯彻落实。在七八十年代直至今天，李泽厚一直坚持“人类仍有共同的普遍性价值和原则”③，呼吁建设健全的现代体制，“自由、民主的口号是‘五四’提出来的，多少年来，它们停留在一种口号、一种要求的水平上，并没有真正实行过。真正要实行自由、民主，使之成为一种制度，将是一个艰难的过程”④。直到21世纪的今天，它仍然作为一个残酷的现实问题摆在那里，成为当下许多具有忧患意识的知识分子的精神肩负和时代诊断：“中国的根本问题不是现代性

① 吴兴明：《海德格尔将我们引向何方》，《文艺研究》2010年第5期。

② 王若水：《为人道主义辩护》，《文汇报》1983年1月17日。

③ 李泽厚：《要启蒙，不要蒙启》，《李泽厚近年答问录》，天津社会科学院出版社2006年版，第15页。

④ 李泽厚：《走自己的路》，《李泽厚十年集》（第四卷），安徽文艺出版社1994年版，第292页。

分化的系统统治过度，而是根本没有真正实现在诸多领域的现代性制度奠基和强有力的现代化规范系统的建立。”“目前，其现代化程度根本不可能造成许多人文学者所忧心忡忡的那种‘工具理性’压制的痛苦和危机。相反，我们的危机是严重的制度建制缺失、分化扭曲和生活世界混乱无度。”①

新实践美学的推进，恰恰消解了现代权利的理论基础——“主体性”。马克斯·韦伯将欧洲宗教社会瓦解的世俗化进程描述为合理化的过程，在合理化进程当中，“随着现代经验科学、自律艺术和用一系列原理建立起来的道德理论和法律理论的出现，便形成了不同的文化价值领域，从而使我们能够根据理论问题、审美问题或道德—实践问题的各自内在逻辑来完成学习过程”②。也就是说，现代体制、知识的确立，是现代社会分化的结果之一。在分化的基础上，人的价值领域（知、情、意）也得到重新确认，并为各个领域确立自己的领地，划定了规范自己的原则根据。以“自由”和“反思”标榜的主体性原则确保了这一分化的形成。也就是说，是主体性哲学的主体性原则为人的文化价值立场提供根据，保证人的价值自足。正是在此意义上，李泽厚才将康德“主体性”作为注入实践哲学的新鲜血液。显然，新实践美学对实践美学的推进，从“人际”到“天人”的维度转换，如朱立元对于存在论的引入，邓晓芒对于“天人合一”的推崇，张玉能引入语言哲学之维，他们针对的并不是对“主体性”意识的强化，相反，为克服主客体二元对立而将之予

① 吴兴明：《海德格尔将我们引向何方》，《文艺研究》2010年第5期。

② ［德］于尔根·哈贝马斯：《现代性的哲学话语》，曹卫东等译，译林出版社2004年版，第1页。

以否定、批判，恰恰抽离了“人义论”的内涵，对现代性品质进行否定，在批判中转向了批判现代性的后现代之路。这对于克服现代性危机是有警醒意义的，但这与现代化事业未竟的中国现实却大相径庭。就此意义言之，无论是新实践美学还是彻底走向后现代性的后实践美学，均偏离了现代化寻求规范性的建构之方向；在中国尚缺乏现代性现实之基的基础上空对空地急切转向，否定了现代性规范建制的现实意义。

因而，在中国目前体制建构尚属薄弱的时期，李泽厚的“今天中国需要理性”、“要启蒙，不要蒙启”、区分“前现代、现代和后现代”的思想观点，仍然散发着时代的魅力和号召力。如果说实践美学开启了中国现代化的启蒙航向的话，那么，新实践美学则将这一航向扭转为无限度的批判。正是在这一点上，新实践美学忽略了当年李泽厚赋予主体性实践哲学及实践美学的权利意识和权利针对性，相反，新实践美学的“误导是一副消解剂，可能弱化乃至消解对在中国推进原本就很薄弱的现代性建制的信念与决心”①，成为逆时代而动的理论变种。

（二）审美主义的高涨

新实践美学，在坚持马克思主义实践论的基础上，附会各种后现代思潮，用审美取代认识论弥合主客二分的工具理性，逐渐达到人性自由的最高境界，使审美承担起宗教性的一体化功能。在这一思想归属上，后实践美学与新实践美学何其相似。这种理论策略在

① 吴兴明：《海德格尔将我们引向何方》，《文艺研究》2010 年第 5 期。

实质上仍然是中国现代性进程中审美主义的一种延伸。这种延伸并没有具体清理审美主义得以产生的哲学基础和现实需求——中国人民的权利吁求。下面从三个角度予以论述。

1. 审美主义

何谓“主义”话语？审美理论如何上升为“主义”话语？在刘小枫看来，“‘主义’话语是带有价值论断的社会化思想言论”[①]。也就是说，当一种价值中立的思想观点，推向社会领域作为价值评判的标准，对社会提出要求时，这种思想论述就转变为了“主义”话语。审美主义就是这样一种将审美活动推进到社会领域，作为社会批判理论的内在动力，作为审视社会现象的批判性标准。“审美主义是‘美学’之固有价值立场的越位和扩张。”[②] 作为文化价值领域的超越性、自由性的理论，审美往往被很多思想家赋予社会最高价值远景的担当，进而以此为准展开对社会现实的批判。审美理论一旦作为价值标准对社会现实提出要求、审视，那么审美活动就变成了审美主义。

审美主义是一种否定性的整体批判。从西方跨入现代开始，在文化领域就存在启蒙现代性和审美现代性两种既对立又相依的观念。也可以说，审美精神是在对工具理性的批判性维度上而存在的。[③] 审美体验本身具有非现实的超越性、空灵性，与现实当中算计的、分

① 刘小枫：《现代性社会理论绪论》，上海三联书店 1998 年版，第 198 页。

② 吴兴明：《美学的扩张：作为社会理论的审美主义》，《三峡大学学报》（人文社会科学版）2006 年第 5 期。

③ 尤西林在《人文科学导论》一书中论及现代人文科学的诞生时认为，整个人文学科的现代性在很大程度上与现代化科技主义的抗衡密不可分。参见尤西林《人学科学导论》（高等教育出版社 2002 年版）第一章。

裂的生活截然不同，而被看作“通向人之自由解放的启示和预演”[①]。审美主义上升为一种终极价值，从审美之“人”的反向展开对资本主义现实的凌厉攻势，并源源不断地汇成西方现代性进程中的批判传统。将审美价值本体化、以最高价值为准的审美批判，必然能够无往而不利。终极性和总体性的特征，使审美走向政治领域，成为对社会总体性的批判理论。需要注意的是，在适用一切、批判一切的审美主义观照下，失落的是现代价值体系的规范性根基。

2. 中国的审美主义传统

在20世纪中国思想界存在相互纠缠的两大话语：革命主义话语和审美主义话语。[②] 它们分别承接马克思主义的认识论传统和西方知情意视野三分基础上的审美传统。相对革命主义传统的辉煌历史而言，审美主义一直处于若隐若现的地位，但它仍然作为一种传统延续了下来，而且在必要的时候肩负起批判和救赎的功能。将艺术归入审美视野，是王国维甚至更早即已开始的分类做法，它开启了中国从“艺术到审美到关注生命意义的纵深论域”[③]。从王国维引入叔本华的生命哲学开始，到早期阶段（鲁迅早期对尼采、柏格森的引入）、中期阶段（朱光潜对克罗齐美学的继承和西方美学史的译介，宗白华对西方美学史的译介及其中国式阐释）、晚期阶段（李泽厚为代表的对马克思《手稿》、康德的研究），构成了中国现代化进程中的审美主义传统。与西方审美主义传统一样，自引进西方现代美学以来，中国的美学家或思想家都给予审美以“主义”话语的批判性

---

① 吴兴明：《美学如何成为一种社会批判》，《文艺研究》2006年第12期。

② 参见余虹《革命·审美·解构》，广西师范大学出版社2001年版。

③ 吴兴明：《中国传统文论的知识谱系》，巴蜀书社2001年版，第200页。

或拯救性力量。李泽厚的实践论美学即是如此，偏离审美论的逻辑域，企图在审美论的逻辑根基上包含认识、艺术、社会性、功利性等内容，从而造成审美视野的混乱和具体观点的分歧。思想视野混乱是导致中国学术论争永远处于“遭遇战，而不是阵地战”[①]尴尬处境的根本原因。

3. 沿着审美视野的扭曲走向审美主义的高涨

新实践美学在坚持实践论的前提下，将实践美学引向后现代之路的做法，首先是它没有清理实践美学的审美视野扭曲的根本问题，而是在视野扭曲的基础上，将实践美学进一步推向审美主义。朱立元的实践存在论美学、曾繁仁的生态美学等，显然是将后现代理论转嫁于实践论，运用存在论、生态美学的后现代解构视角否定主客认知的主体性哲学。在海德格尔那里，存在论“天、地、人、神”四位一体，超越主客体、融为一体的田园美景，它是对抗现代工具理性、科技理性、现代理性化的源初性展望，它不同于韦伯、黑格尔、马尔库塞、阿多诺等人局部性的修正和批判，海德格尔的存在论从根本上否定了主体性原则及其思想视野，对资本主义现实展开全面的整体性批判。生态美学也是因对工具理性的现代性的对抗而产生的一种理论姿态。新实践美学对于西方现代社会的人类中心论、生态危机、合法化危机等的批判照单全收，完成中国式的理论嫁接，以不可阻挡之势完成对经济刚刚起步、仍然停留于现代体制草创阶段的中国当下展开凌厉的批判攻势，在中国脆弱的现代性土壤上拉

① 邓晓芒:《什么是新实践美学——兼与杨春时先生商讨》,《学术月刊》2002 年第 10 期。

起一面高姿态的批判大旗。

在中国，尚未建立起严密、高效的现代社会体制而又掺杂在前现代、现代、后现代复合的社会境况下，以高端价值的审美主义标准横扫过去，摧毁理性，弥合了在现代性分化基础上所独立的文化诸价值领域，那么，中国的物质文明和精神文明建设还剩下什么呢，又何以担当起支撑中国发展的理论使命呢？因缺乏有效的理论针对性和历史合理性，后实践美学的超越尝试“并没有显现出实践美学之后的光明，相反，它以一种极端的形态暴露了中国当代思想的许多弊端，亦即思想的无根性，它的词语如同泡沫一样飘浮于空气之中”①。

从对个人权利的诉求、主体性建构的意义上来说，无论是任何试图拓展或走出或超越实践美学的尝试，还是试图转换哲学视野——“走向主体间性”的努力，都不过是“虚晃一枪，转眼间又变成了审美主义的执著歌颂”②。审美主义的精神关切彻底取代了对社会人际的间性考察。

① 彭富春：《“后实践美学”质疑》，《哲学动态》2000 年第 7 期。

② 吴兴明：《文艺研究如何走向主体间性?》，《文艺研究》2009 年第 1 期。

第六章　实践哲学的思想视野及其困境

近年来，随着思想的进一步解放和社会知识的转型，国内在后实践美学兴起的过程中对实践美学进行了持续的批判和反思，且每每直击要害。例如对“实践”概念的根本质疑和瓦解，从实践当中推演美的规律的荒谬，美学理论本身的阙如，主客二元的对立等，批判内容触及实践美学的根本问题，而且在学界一定范围内达成了共识，这是值得让人欣慰的。中国美学批评家聂振斌先生在回顾百年中国美学发展史的《百年中国美学六题》一文中，对自 20 世纪 40 年代以来的认识论美学的缺陷作了有力的批判性总结：“把这种哲学认识论的根本缺陷原封不动地移置到美学理论之中，是不可能建立起令人满意的美学本体论。”① 从而否认美的本质与哲学基础的直接关联，认为应在实践论基础上另设美的本体。这一论断是值得商榷的。就实践哲学展开的思想视野而言，它并不能为实践之外的本体提供合理的支撑，或者说建立在实践哲学基础之上的“本体”，

① 聂振斌：《百年中国美学六题》，《文艺研究》2002 年第 1 期。

依然是在实践本体基础上的一种关系延伸。聂先生撇开实践哲学的根基而为美的本质另起炉灶的理论创新值得赞许，但他对实践美学哲学根基的反思的有效性值得商榷。像聂振斌先生一样对中国现代美学的缺陷有着清醒而准确把捉的人不在少数，但他们批判或重建的理论依据是否恰切或坚实尚需另外检测。另外，持续了整整 20 年的实践美学之争始终未曾提供一套相对切近现代人生存和体验结构的美学理论和分析模型，致使中国美学的未来依然无所依傍。归根结底，重建美学的关键在于提供合理而牢固的哲学根基，因而，这里的问题在根本上扭结为实践美学的哲学基础，扭结为对以劳动或实践之目的理性为取向的实践哲学的深层反思的问题。正是因为缺乏打量哲学根基的有效视野，才导致对实践美学的批判和反思隔靴搔痒，美学视野的扭曲无法从根本上扭转，才使得切近现实体验感的新美学无从建立。

众所周知，中国的现代美学移植于西方，它关涉着远比西方美学更为复杂的关联域。其中重要的一点是，它在接受西方现代美学思想的同时不可避免地遗传了西方美学（确切地说，是西方现代性）固有的危机。实践美学的哲学基础是《1844 年经济学—哲学手稿》中的实践论，在根源上来自马克思的实践哲学。它一方面继承了马克思主义的唯物论思想，有力地克服了美学上机械的反映论美学和唯心论倾向，另一方面，实际上它也毫无回避地秉承了实践哲学在马克思那里的现代性困境。直接以马克思理论为思想来源的实践美学，它在时间上从 20 世纪 50 年代跨到当下，在内容上关联着认识论、伦理学、美学、思想史论等，在理论语境上双重地承接着现代性的分化和危机，持久、全面地渗透在当下中国美学理论的发展当中。而且，这种移植的双重性和关联域的复杂性一直延续在今天对后现代思潮理论的引进和膜拜中。遗憾的是，实践哲学的困境虽已为诸多研究者所注意，但此困境与现代性之间的关联却少有人注意，至今，移植现代性的双重性问题并未纳入我们反思实践美学的有效视野之内。就美学领域而言，在现代性的思想语境中反思李泽厚的实践哲学，既是彻底清理实践美学学科视野的根本要求，也是重建生产美学的基本前提。

反观近年来中国学界对于实践哲学的反思和推进，基本上是沿着西方马克思主义的社会批判理论的路径，一方面对日益物化的社会展开工具理性主义的无情批判，另一方面对社会分裂和危机温情地布施审美主义的乌托邦救赎。然而，诚如哈贝马斯所言，这种旨在实践哲学内部寻求突破和解决的批判路径在20世纪50年代就已经陷入了困境。因为，社会发展的事实证明，他们未曾恰切地诊断马克思实践哲学的困境所在；批判理论继承了实践哲学的思想视野，而且未能从根本上避免从马克思那里遗留下来的规范性基础模糊的缺陷，因而并不能提供走出现代性困境的合理性方案。这在理论上要求我们走出实践哲学的范式，到实践哲学的思想视野之外为美学寻找新的规范性根基。另外，中国当前的社会语境要求走出实践哲学。移植自西方的中国现代性，“在现代性品质结构的某些极为重要的层面，甚至连基本的现代性原则建构对中国人也尚是‘未竟之业’”①，在整体上处于前现代、现代和后现代的复杂语境中。这种复杂的语境，在重构美学问题上它不但要求对前此的哲学基础进行

① 曹顺庆、吴兴明：《中国传统文论的“异质性”概说》，《三峡大学学报》（人文社会科学版）2001年第3期。

基本的反思，而且亮出了向前推进、寻求更为切己、有效哲学范式的时代命题。

实践美学的基础是实践哲学，这一点在李泽厚那里体现得最为明显。在中国诸多实践美学家中，李泽厚将实践美学的哲学基础明确为“人类学历史本体论”（又名“历史本体论”“主体性实践哲学”）。对自身哲学基础的明确是李泽厚超出诸多以美学为专业的实践美学家的一个重要特点。因此，对李泽厚实践美学的反省必须深入对其哲学基础的反省。本章的主要内容就是，将李泽厚的实践哲学纳入现代性的思想语境中，借助哈贝马斯从主体间性视角对马克思实践哲学的批判，对李泽厚的实践哲学展示的思想视野和逻辑框架展开分析和反思，最后追溯其根本的理论困境，以期对中国美学既走出工具理性的同化又走出审美主义的抽象抒发提供些微启示。

第一节　实践的本体化逻辑

李泽厚一生都在坚持实践哲学，从20世纪五六十年代因“客观性与社会性的统一”成名，到80年代“主体性实践哲学”作为中流砥柱，直至目前逐渐淡出国内学术界但影响依然深远的“该中国哲学登场了”“中国哲学如何登场”等发人深思的全球性哲学关怀话题的持续，都显示出他对实践哲学一直深信不疑，毕生探索实践哲学的可能性空间，将中国式的实践哲学推向整个世界。虽然说实践哲学的某些观点随时代的发展而不断地做出调整，但其基本的思想视野结构是始终一致的。正如他在《哲学纲要》一书所作的序中所言："这些属于不同岁月的文字合成本书，形式结构上便自无系统条理之可言，而且还有不少重叠雷同反复陈说的地方，但内在脉络和论证说法倒相当一贯，而且不断有所补充扩展。"① 从一贯的内在脉络和论证逻辑来看，无关具体理论观点的实践哲学的思想视野和逻辑框架也可以说是一致的。

总的来看，实践的本体化逻辑以不同的形式和表述贯穿在实践哲学的始末和各个方面。下面就从实践活动的基础化、实践作为终极的解释语境、"实践"作为本体论的通道三个方面对实践本体论的逻辑思路做出简单勾勒。

一　实践活动的基础化

实践哲学的开端就是实践活动的基础化。"实践"概念作为李泽厚的实践哲学中最为核心的词汇，它在内容上从最初的"三大革命运动"（生产斗争、阶级斗争、科学实验），到 80 年代主体性实践哲学中狭义的使用—制造工具为主的物质生活活动，再到 21 世纪的《历史本体论》《实用理性与乐感文化》中作为勾连一切、关联一切的"存在总体性"（"人的全部感性活动和感性人的全部活动"②），它在概念上强调狭义的使用—制造工具的物质生产活动，正是为了突出"实践"在理论内容上勾连一切的基础性地位：

① 李泽厚：《哲学纲要·序》，北京大学出版社 2011 年版，第 2 页。
② 李泽厚：《实用理性与乐感文化》，生活·读书·新知三联书店 2005 年版，第 4 页。

> 人的吃饭（食衣住行）毕竟是社会生存的存在本体。它是最后的实在，必然的力量，普遍的规律，它的状态、情境和发展在最终意义上决定（制约、影响、主宰）了人的各个方面。[①]

在李泽厚看来，实践活动作为人生而在世的本体，最后的实在，是人的一切活动得以展开的基础和本质。正如他在《论语今读》中所言“不是太初有言，亦非太初有力，也非太初有心，而是太初有为”[②] 才是人的家园、根本，“食衣住行、物质生产对人类生存—存在具有绝对性”[③]。在此基础上，李泽厚将这一般性的物质生产作为人类一切活动的基础，在人的生存—存在中全方位地推展开来，并逐步将实践基础化推向极致。

具体来看，实践活动的基础化可以分为以下五个层次。

第一，使用—制造工具的实践是人区别于动物的根本标志。在《试论人类起源》（1964 年）中，李泽厚将马克思“从猿到人”的根本因素“劳动”做了“使用工具—制造工具”的阐释和论证。李泽厚认为，“使用工具的活动却有‘量变成质’的巨大含义”[④]，普遍、大量地使用工具，“从根本上打破了任何生物种族既定肢体、器官、能力的特殊性、固定性、狭窄性……使用工具的活动开始标志

① 李泽厚：《历史本体论·己卯五说》，生活·读书·新知三联书店 2003 年版，第 20—21 页。

② 李泽厚：《论语今读》，生活·读书·新知三联书店 2004 年版，第 132 页。

③ 李泽厚：《历史本体论·己卯五说》，生活·读书·新知三联书店 2003 年版，第 21 页。

④ 李泽厚：《试论人类起源》，《李泽厚哲学美学文选》，湖南人民出版社 1985 年版，第 180 页。

着‘能按物种的尺度来生产’”[①]，正因“工具”的楔入，人才得以从与自然的混沌状态中区别出来，获得超生物的经验，区别于自然、改造自然，方构成主体。对此，李泽厚在《批判哲学的批判》中做了言简意赅的论断：“人的本质是历史具体的一定社会实践的产物，它首先是使用—制造工具的劳动活动的产物，这是人不同于物（动物自然存在）、人的实践不同于动物的活动的关键。”[②] 在1994年的《哲学探寻录》中依然坚持这一观点“如果不怀成见而略予省视，便可发现：人类生活和生存区别于其他一切生物种族的基本的、突出的、巨大的、主要的特征，在于使用工具和制造工具”[③]。“使用工具和制造工具是人的实践活动不同于任何一种动物生活活动的根本分界线所在”[④]，等等。

第二，生产活动是人类生存—存在的基础。实践是人生存的“第一个事实”[⑤]，“以使用工具—制造工具的实践，当做社会生活的基础，把这当作人的本体存在”，所谓人类学历史本体论的“这个本体首先是物质的社会力量或社会的物质力量，即人掌握工具、科技进行生产活动的现实。没有它，整个人类不再生存。一切人类文明、

---

① 李泽厚：《试论人类起源》，《李泽厚哲学美学文选》，湖南人民出版社1985年版，第181页。

② 李泽厚：《批判哲学的批判》，《李泽厚十年集》（第二卷），安徽文艺出版社1994年版，第82页。

③ 李泽厚：《哲学探寻录》，《世纪新梦》，安徽译文出版社1998年版，第14页。

④ 李泽厚：《康德哲学与建立主体性论纲》，《李泽厚十年集》（第二卷），安徽文艺出版社1994年版，第151页。

⑤ 李泽厚：《实用理性与乐感文化》，生活·读书·新知三联书店2005年版，第243页。

文化无法存在或延续”[①]。实践“是历史本体论所认定的‘本体’”[②]，“是社会生存的存在本体”[③]。实践不但使猿变成人，而且是人生存和存在的基础。“‘人活着’的第一个含义是人如何在活着，即人如何衣食住行的。”[④]“人（人类及个人）要做的第一件事，就是维持肉体生存……要食衣住行，就要进行‘生产’，所以，这个‘恰到好处’的‘度’首先便生产和出现在生产技艺中。”[⑤]实践作为人的生存的基础，这是李泽厚建构起哲学大厦从未放弃的生存前提。

第三，实践的历史积淀是人建立自身的主体性的由来。人在改造自然的同时再造了人自身，“漫长的历史实践终于全面地建立了一整套区别于自然界而又可以作用于它们的超生物族类的主体性”[⑥]，“实践在人化客观自然的同时，也就人化了主体的自然——五官感觉……主体的自然人化与客观的自然的人化同是人类几十万年实践的历史成果”[⑦]。“人类以其使用、制造、更新工具的物质实践构成了社会存在的本体（简之曰工具本体），同时也形成超生物族类的人

---

① 李泽厚：《关于主体性的第三个提纲》，《李泽厚十年集》（第二卷），安徽文艺出版社1994年版，第492页。

② 李泽厚：《历史本体论·己卯五说》，生活·读书·新知三联书店2003年版，第27页。

③ 李泽厚：《历史本体论·己卯五说》，生活·读书·新知三联书店2003年版，第8页。

④ 李泽厚：《关于主体性的第四个提纲》，《李泽厚十年集》（第二卷），安徽文艺出版社1994年版，第500页。

⑤ 李泽厚：《历史本体论·己卯五说》，生活·读书·新知三联书店2003年版，第8页。

⑥ 李泽厚：《我的哲学提纲》，《李泽厚十年集》（第二卷），安徽文艺出版社1994年版，第461页。

⑦ 李泽厚：《美学论集》，上海文艺出版社1980年版，第175页。

的认识（符号）、人的意志（伦理）、人的享受（审美），简称之曰心理本体。”① 人类自我主体性的建构，是“深层历史学，如何积淀为深层心理学”的历史问题。

第四，实践作为决定社会上层建筑、文化历史的物质基础。关于物质生产与社会意识的关系，李泽厚认为“物质生产的实践是根本，是基础，它历史地和逻辑地领先了一步。……它是主体性的人性结构的根本动力”②。“人们主观意识、思维的普遍性，不过是这一物质现实的主体实践的普遍性的反映罢了。”③ 这一决定关系反映在人类主体性的两个双重结构的关系中，则是“第一个方面是基础的方面。亦即，人类群体的工艺—社会结构面是根本的起决定作用的方面”，它“是历史的原动力，是构成人类主体性的本质现实”④。实践从根本上决定了文化建构，因而，“语言学、心理学应建立在人类学（社会实践的历史总体）的基础上……真正的感性普遍性和语言普遍性只能建筑在实践的普遍性之上”⑤。“人类一切认识的主体心理结构（从感知觉到概念思维等）都建立在这个极为漫长的人类使用、创造、更新、调节工具的劳动活动之上。”⑥

---

① 李泽厚：《美学四讲》，《李泽厚十年集》（第一卷），安徽文艺出版社 1994 年版，第 450 页。

② 李泽厚：《关于主体性的补充说明》，《李泽厚十年集》（第二卷），安徽文艺出版社 1994 年版，第 479 页。

③ 李泽厚：《批判哲学的批判》，《李泽厚十年集》（第二卷），安徽文艺出版社 1994 年版，第 213 页。

④ 李泽厚：《关于主体性的补充说明》，《李泽厚十年集》（第二卷），安徽文艺出版社 1994 年版，第 476 页。

⑤ 李泽厚：《批判哲学的批判》，《李泽厚十年集》（第二卷），安徽文艺出版社 1994 年版，第 83 页。

⑥ 李泽厚：《康德哲学与建立主体性论纲》，《李泽厚十年集》（第二卷），安徽文艺出版社 1994 年版，第 152 页。

第五，实践是关联并聚合一切的关系性活动。无论是人与人、人与群体的关系，都在人与自然的实践关系上展开，根本上基于“维护人类群体的生存和发展”，因而，社会大于个人，“社会群体束缚、抑制、控制了个体的各种欲求”[①]，“大我”优先于“小我”；实践是指“人类总体的社会历史实践”。“总之，不是人对神的关系，不是人与人的社会关系，而是人与自然（包括内、外自然）通过‘度’的历史所形成的人化关系及其前景，才是‘历史本体’论所要探讨的课题……也正是它们规定了人与神、人与人的关系。”[②]

自1979年《批判哲学的批判》问世之后，李泽厚几乎对每个层面都有专门论说。“实践”作为李泽厚实践哲学的核心概念，从作为人区别于动物的标志，作为人的生存—存在基础，建构人类主体，决定上层建筑，到勾连一切关系活动。显然，李泽厚已经在实践哲学中把实践基础化推向了极致、本质化，实践“作为人类的最终实在、本体、事实”[③]，成为“在最终意义上决定（制约、影响、主宰）了人的各个方面”[④] 的终极语境和解释学根据。

二 实践作为终极的解释语境

在实践哲学中，实践之所以被基础化，之所以被本体化，之所以出现被人诟病的“本体”家族——工具本体、心理本体、情感本

---

① 李泽厚：《关于主体性的补充说明》，《李泽厚十年集》（第二卷），安徽文艺出版社1994年版，第484页。

② 李泽厚：《历史本体论·己卯五说》，生活·读书·新知三联书店2003年版，第13—14页。

③ 李泽厚：《批判哲学的批判》，《李泽厚十年集》（第二卷），安徽文艺出版社1994年版，第83页。

④ 吴兴明：《实践哲学遮蔽了什么?》，《文艺研究》2007年第8期。

体、度本体、历史本体等的延伸，归根结底，在于李泽厚将关涉主客双方的实践活动（主体实践与客体相互作用）作为考察人类生存、意识、文化的逻辑起点，在于他自始至终认为“实践是一切的最终解释语境”①。无论是在最早论美的本质，还是2002年拓展“度本体”，无论是认识论、道德论还是美感论，实践都是最终的阐释语境。下面分三部分予以论述。

第一，认识论领域的“历史建理性”。人类“是在能动地改造世界的劳动操作的实践中，去认识时空，认识客观世界的存在形式和普遍规律，并逐渐把它们内化、移入为包括时、空在内的人们一整套认识形式和心理—逻辑建构”②。这一论点的最新表述在《历史本体论》中被阐释为：“后世一切理性的形式、结构和成果（知识和科学），也都不过是人类主观性对‘度’的本体的测量、规约、巩固和宣说。可见，理性本来只是合理性……它首先是从人的感性实践（技艺）的合度运动的长期经验（即历史）中所积累沉淀的产物。”③ 李泽厚自始至终认为，人类的理性正是通过漫长的实践建构而来。

第二，道德领域的“经验变先验”。伦理学同样被归结到实践中来阐释——“‘善’……来自实践”④。“道德及其法则、要求、命令等都是历史具体的，它们必须放在一定历史发展基础

① 吴兴明：《实践哲学遮蔽了什么?》，《文艺研究》2007年第8期。

② 李泽厚：《批判哲学的批判》，《李泽厚十年集》（第二卷），安徽文艺出版社1994年版，第126页。

③ 李泽厚：《历史本体论·己卯五说》，生活·读书·新知三联书店2003年版，第13页。

④ 李泽厚：《批判哲学的批判》，《李泽厚十年集》（第二卷），安徽文艺出版社1994年版，第365页。

上。……人类历史的斗争和发展首先必须建筑在物质生产活动的矛盾发展基础之上。”① 道德“是作为总体的人类社会的存在对个体的要求、规范和命令”②，维护族类生存的实践经验以“命令句式”积累成个体的“自觉意识”。“道德是个体对社会人际（某群体如家庭、宗族、集团、民族、国家、党派、阶级等）关系在行为上的承诺和规范。说它是‘行为上’，因为它必需履行、执行，即是实践性的。”③“这种‘先验’或‘超验’的普遍必然只是一定历史时期的客观社会性的经验的幻象和提升。”④ 这即是《历史本体论》中所谓的“经验变先验”。

第三，审美领域和“心理成本体”。李泽厚认为人类主体性一面形成了工艺—社会结构的同时，另一面形成人的文化—心理结构，前者对应的是工具本体，后者则对应心理本体，这两者都是通过历史实践而来。其中，李泽厚将心理本体的形成过程称作“积淀”，即理性积淀为感性，社会积淀为个体，历史积淀为当下。尤其是情感结构中的情本体，更为典型地体现着理性积淀为感性的统一。在美学大讨论中，李泽厚就将实践作为美的本质的最终解释语境。他认为马克思的实践论美学“不是从审美、意识、情趣、艺术实践而是从人类的基本实践——人对自然的社会性的生产劳动中来讲美的规

① 李泽厚：《批判哲学的批判》，《李泽厚十年集》（第二卷），安徽文艺出版社 1994 年版，第 365—366 页。

② 李泽厚：《批判哲学的批判》，《李泽厚十年集》（第二卷），安徽文艺出版社 1994 年版，第 324—325 页。

③ 李泽厚：《历史本体论·己卯五说》，生活·读书·新知三联书店 2003 年版，第 49 页。

④ 李泽厚：《历史本体论·己卯五说》，生活·读书·新知三联书店 2003 年版，第 55 页。

律"[1]，"美的本质必然地来自社会实践"[2]。这在80年代明确表述为"美的本质、根源来于实践"[3]，将人类心理的情感结构归结为经过漫长实践"内在自然的人化"的结果。

概而言之，实践作为解释一切的最终语境，将主客认知的关系模式作为人类的一切活动视野展开的依据。"社会实践不但是认识论的基础，而且也是伦理、道德、政治、历史的根本基础。"[4] 除此，还有所谓从最终源于劳动的"自由感"开启"智的直观"的"以美启真"，由"礼的规定"向"道德超越"升华的"以美储善"，"道由情生"的"情本体"，和作为人类的文化—心理结构，等等，对知、情、意领域的心理结构和个体创造最终都放在实践，人与自然的社会实践关系上展开，"都无不是遵循着同样的实践—积淀的逻辑来描述"[5]。

三　"实践"作为本体论的通道

在实践哲学中，"实践"不但是基础性的本体活动，而且它还是所有一切的终极阐释语境，它在实践哲学中至关重要，或者说它是理解实践哲学的枢纽。

第一，"实践"的概念。李泽厚对"实践"概念做出明确界定

---

① 李泽厚：《美学三题议》，《美学论集》，上海译文出版社1980年版，第163页。

② 李泽厚：《美学三题议》，《美学论集》，上海译文出版社1980年版，第167页。

③ 李泽厚：《美学四讲》，《李泽厚十年集》（第一卷），安徽文艺出版社1994年版，第463页。

④ 李泽厚：《批判哲学的批判》，《李泽厚十年集》（第二卷），安徽文艺出版社1994年版，第364页。

⑤ 吴兴明：《实践哲学遮蔽了什么?》，《文艺研究》2007年第8期。

是在1979年的《批判哲学的批判》中。李泽厚认为，实践有广义和狭义之分，具有本体地位的是狭义的实践，即“作为劳动操作活动”的实践：以使用—制造工具为主的物质生产活动。“所谓实践，首先和基本的便是以使用工具和制造工具为核心和标志的社会生产劳动。”①

这一界定，是在对马克思“实践”概念做“物质生产”② 理解的基础上进一步的窄化。它既不同于前此自古希腊亚里士多德以来的伦理道德实践观，也不同于海德格尔的“烦忙在世”、萨特的“行动哲学”或胡塞尔的“生活世界”，甚至卢卡奇、南斯拉夫实践哲学等的总体性实践观，尤其是西方马克思主义强调实践的“总体性”，喜欢用 praxis 一词包罗人们的一切活动，而李泽厚则认为“实践”应取 practice，专指人类的物质生产活动。“《批判》强调‘实践’概念这一基础含义，以区别于其他各派实践论，认为立足于这个基础含义的实践论是唯物史观的根本内核，并以为只有在这个基础含义上，才可能产生和包容其他层面的实践概念。”③“《批判》之所以强调实践的基础含义（狭义），是为了强调人类主要依靠物质生产活动而维系生存，其他包括语言交流、科学艺术、宗教祈祷等等广义的实践活动，都以这个基础为前提，如此而已。”④ 李泽厚一方面将“实践”推向本体论地位的同时，另一方面又将“实践”含义作了非常之狭窄的界定。这就意味着，物质生产实践作为李泽厚用

① 李泽厚：《批判哲学的批判》，《李泽厚十年集》（第二卷），安徽文艺出版社1994年版，第85页。

② 李泽厚：《批判哲学的批判》，《李泽厚十年集》（第二卷），安徽文艺出版社1994年版，第211页。

③ 李泽厚：《实用理性与乐感文化》，生活·读书·新知三联书店2005年版，第4页。

④ 李泽厚：《实用理性与乐感文化》，生活·读书·新知三联书店2005年版，第4页。

于解释一切的最终根据：一切都要最终归结到主客认知的生产实践关系中展开和理解。那么，这就从根本上决定了李泽厚实践论视野的本体论通道特别狭窄。

第二，实践本体在思想视野上的遮蔽。问题在于，在“人与自然的关系”中如何内在地规定人与人、人与社会、人与神之间的关系？“人与自然”的实践如何产生认识价值内在规定的“真”、人际价值内在规定的“善”、情感价值内在规定的“美”？

诚然，实践作为人类生存—存在的基础性活动，这一点是不容置疑的。但是，第一，在实践活动所交织的诸种关系中不能只看到“人与自然”的关系（详后）；第二，更不能将本体论的规定，或者简单说，事物义理的规定统统还原为发生论的原始追踪。即使人类的产生真的要最终追溯到作为生产活动的实践，也绝不意味着一切重要的规范、价值、理性等都只能在实践活动的内部才有规定自身的根据。劳动实践作为人类一切活动的基础和前提，并不等于劳动实践可以内在地规定人的认知、实践和审美活动。就审美领域而言，审美活动虽是人类劳动的一部分，但它已经获得自身的独立性和自主性，劳动实践仅可以作为审美起源、主体心理建构、审美对象的背景性补充，而不能提供对审美活动审美本身的内在解释，即审美如何可能、如何展开的解释。李泽厚将审美经验纳入实践论视野中考察，将审美活动等同于一般性实践活动之一种，泯灭了审美活动与日常活动之间的区分；将审美活动的内在规定性还原成实践活动内在规定性的发生学考察，俨然忽视了审美自主自律性；将审美活动挪移到认知视野，从学科根本上取消了现代美学的学科视野，审美关系在根本上成为实践关系的一种延伸。同样，认识活动、伦理活动也被纳入认知视野，成为主客实践关系的一种延伸。李泽厚将人类的认知、伦理和审美活动统统还原到实践活动中寻找自身的规定性根据，显然已经将基础主义、本质主义的思维模式推向了极端。

第二节　实践哲学的先天视野缺陷

在实践哲学中，李泽厚之所以将实践本体论推向基础主义、本质主义，把实践作为最终的阐释语境，作为人类所有活动的内在规定性的最终依据，作为人类价值的唯一来源，关键在于实践哲学的思想视野。实践哲学既定的思想视野，即对于人类思想领域的划分，在同一和差异的种属关系当中决定了该视野下各个领域的学科视野，所展开的逻辑框架、思维模式，进而决定了具体理论观点建构的思路及其延伸。也就是说，思想视野的先在，决定了该哲学范式的言述空间和入思方式。下面从实践哲学的范式、实践哲学的思想视野、李泽厚对实践哲学的继承三方面展开对实践哲学的思想视野的考察。

一　作为生产范式的实践哲学

那么，实践哲学是一种怎样的思想视野呢？从根本上来讲，实践哲学“它的视野展开就是劳动得以展开的内部关系结构：主体（人）作用于客体（自然），从而产生出人类生活的物质消费品。因此归根到底，实践哲学的思想模型是一种生产范式”①。实践哲学的思想视野在劳动基于人对自然的主客关系模式中展开，它是主体对客体对象的现实改造，这就决定了，实践哲学作为一种现代的生产范式的思维模型而存在。在生产范式中，所有一切都被归结为主体作用于客体的行为模式中进行解释。

实际上，实践哲学是现代性哲学话语的一种独特样式，它与笛卡尔开启，康德、黑格尔推进的意识哲学并列为现代性哲学的两种类型。在西方现代哲学史上，从康德为现代性价值分化确立根据到黑格尔以绝对的方式在理论上辩证地弥合主观主义范式导致的分裂问题，遵循的是传统的思辨之路。之后，青年黑格尔派开出一条从抽象思辨向实践转化并演变为现代性的“内在批判”之路，即马克思开创的实践哲学。在实践哲学中，马克思首先要做的就是将黑格尔那里的“绝对精神”置换成“劳动”，这一颠倒使哲学理论从形而上过渡到形而下的实践层面，从而改变了现代哲学模式的重心。实践哲学不同于意识哲学以自我意识为现代性原则，而是以劳动为现代性原则。二者构成了现代性哲学的两种类型：

> 现代哲学模式可以划分为两种同样具有始源性的主客体关系：认知主体形成有关客观世界中事物的意见，而且，这些意见可能是正确的；行为主体做出的是以成效为取向的目的行为，以便在客观世界中产生出某些东西。……赋予认知以优先地位的反思哲学认为精神（根据自我关系模式所进行）的自我教化过程就是意识的过程。实践哲学强调的是行为主体与可以操纵

① 吴兴明：《实践哲学遮蔽了什么?》，《文艺研究》2007 年第 8 期。

> 的客体世界之间的关系，并把类（根据自我外化的模式所进行）的自我教化过程看作自我创造的过程。因此，在实践哲学看来，构成现代性原则的不是自我意识，而是劳动。[①]

马克思开创性地将“自我意识”替换为“劳动”，建构了与意识哲学平行的、自成体系的实践哲学。马克思对规范基础的重新置换，在生产力的基础上确立了生产力和生产关系模式，将一系列的价值观念建立在劳动生产的框架内。

如果说，主体性哲学的基本概念意识、自我意识、合理性等与理性、合理性之间有着内在联系的话，那么，在实践哲学这里，马克思则将主体行为、自我生成、实践等方面与理性、合理性联系起来。正如哈贝马斯所指出的，作为解释的模型：

> 实践哲学依然是主体哲学的一个变种，它虽然没有把理性安置于认知主体的反思当中，但把理性安置在了行为主体的目的合理性当中。在行为者和可以感知、可以掌控的对象世界的关系之中，只能出现一种认知—工具合理性。[②]

这就是实践哲学视野结构上的缺陷。实践哲学的视野仅在主体作用于客体的主客关系之间展开，这就意味着：一，人类的其他关系，诸如审美关系、伦理道德关系、交往关系等都被归并到实践的视野之内，都被看作主客认知实践关系的延伸，它们的存在合理性

---

① ［德］于尔根·哈贝马斯：《现代性的哲学话语》，曹卫东等译，译林出版社 2004 年版，第 73 页。

② ［德］于尔根·哈贝马斯：《现代性的哲学话语》，曹卫东等译，译林出版社 2004 年版，第 75 页。

在于作为生产活动关系的派生，并为生产劳动服务。二，实践关系之外的人类所有活动的立法依据均必须从实践活动的内部寻求，即从实践活动内部的规定性来为审美立法，为道德立法。三，在生产范式的解释模型中，一切的活动尤其是生产之外的种种活动只显示为一种合理性——工具合理性。由此可知，实践哲学的思想视野是单一的认知视野，将人类的全部关系、规范性基础都纳入认知视野中，它从根本上归并了在康德那里奠定的现代思想视野知、情、意的基本划分。

对于学科知识建构而言，实践哲学的单一视野，产生了两个后果：一是主客认知的实践关系理论成为一切学科理论的终极来源，这意味着，人文学科的合法性根据必须到主客关系的实践关系当中去找，取消了学科独立自主性（包括美学的独立自主性）；二是使学科自主知识领域的逻辑基础向人与自然之实践关系的逻辑倾斜。[①] 在这种视野中，所有无法进入主客认知视野的活动都失去了其存在的合法性。

二　模糊的规范性基础

深入实践哲学内部的规范性基础来看，作为一般性物质生产的“劳动实践”又是如何承担起社会总体性的阐释语境（目的理性）的呢，即劳动原则怎样在审美领域、道德领域推进其应然合理性的？“劳动实践”概念是马克思实践哲学的核心，它是构建整个实践哲学

---

① 参见吴兴明《意识形态批判的限度及其颠覆性》，《江西社会科学》2007 年第 7 期。

理论的基点。对此，波斯特对此有形象的比喻："当新政治运动抽掉生产方式概念的线时，马克思主义理论这块布也就散了纱"①。关键是，在实践哲学中，马克思对"劳动"概念一词的界定是需要确认的。正如哈贝马斯所言："从这一原则（劳动原则）出发，很容易就可以得出科学技术的生产力。但是，如果马克思想把资产阶级文化的合理内涵和在进步中辨认倒退的准则也纳入实践概念中，他就不能过于狭隘地理解劳动原则。"② 马克思正是通过赋予"劳动实践"概念更多的审美、道德色彩这一途径而实现实践哲学其社会总体性的理论建构。这一普遍性的推进典型地体现在马克思在《1844 年经济学—哲学手稿》（以下简称《手稿》）中对雇佣劳动的经典分析中。

（一）"劳动实践"的审美色彩

在《手稿》中，马克思对异化劳动的判断标准是富有审美色彩的手工劳动。马克思将劳动看作基于一种富有创造性的、手工的劳动模型，并类比于艺术家的创造性劳动，一种带有田园色彩的、劳动力和产品之间不分割的、在对劳动产品中的凝神观照中可以再次看到自我的本质力量的前现代性劳动，即"人的本质力量……对象化"③。相反，劳动者占有与本质力量的外化之间的循环被切断，劳动者无法从产品自身找到自我的本质力量，即产品同他自身产生异化。正是依据手工劳动具有的这种体现人的本质力量、占有自己的

① ［美］马克·波斯特：《第二媒介时代》，范静哗译，南京大学出版社 2005 年版，第 136 页。

② ［德］于尔根·哈贝马斯：《现代性的哲学话语》，曹卫东等译，译林出版社 2004 年版，第 73 页。

③ ［德］马克思：《1844 年经济学—哲学手稿》，刘丕坤译，人民出版社 1979 年版，第 78 页。

本质力量的手工劳动，马克思才能将正常劳动和异化劳动区分开来，“把本质力量的对象化和本质力量的异化、把自足的实践和受到阻碍并发生分裂的实践彻底区分开来”[①]，进而引以为据发动对资本主义社会异化劳动的批判。

而事实是，现实社会的生产模式并不是个体的手工劳动。现代社会的大工业生产是流水线的、精细的、分工的合作化生产，劳动者所面对的只能是零件，而非完整的产品；生产本位主义、消费本位主义的工业社会，劳动产品和劳动力之间经过多层次多流程的交换和循环，劳动者更不可能直接占有自己的本质力量。相反，劳动者只能日趋远离这种模式的生产，对本质力量的占有显然不复可能。显然，在这里，马克思将基于美学因素的个体“劳动”模式，比照“类”的社会工业大生产，从而将社会劳动看作集体的自我实现，将社会劳动与手工劳动相等同、混淆，在客观上脱离了社会现实。根本的是，在理论上，马克思将劳动看作美学生产，将“劳动”纳入了审美—表现性的价值合理性中，这本身就已经偏离了一般意义上社会劳动作为生产实践的工具合理性。“‘劳动’的合理性不是从策略行为之主体—客体—目的关系的规定及其内涵去理解，而是从主体—客体—自我肯定的关系去理解”[②]，“劳动”一开始就已经被“审美化”了，从此，这种审美因素深埋在马克思的实践哲学中成为一种合理的价值要求。从对异化社会的批判来看，马克思以前工业时代的美学生产为准来衡量现代大工业的生产劳动，本身就已经预

① ［德］于尔根·哈贝马斯：《现代性的哲学话语》，曹卫东等译，译林出版社 2004 年版，第 74 页。

② 吴兴明：《实践哲学遮蔽了什么？》，《文艺研究》2007 年第 8 期。

设了批判的逻辑前提，这本身即是值得反思的。

（二）“劳动实践”的道德色彩

在对异化劳动和正常劳动区分的基础上，马克思重点批判了雇佣劳动中劳动和报酬之间的不平等。在雇佣劳动中，社会财富的私人占有打破了劳动与产品之间的正常循环，从而逐步使脱离了劳动者的本质力量独立出来，变成资本的自我积累。“雇佣劳动把具体的劳动变成了抽象的劳动，也就是说，转变成了对资本自我实现的积极贡献，而这个过程似乎占用的是脱离生产者的僵化劳动。”[①] 随着工业社会的加剧，这种本质力量的异化也在加剧，劳动与报酬之间的不平等在加深，人的本质力量脱离人而获得的独立，不但使具体的劳动变成僵化的劳动，同时也违反了平等交换的自然法则。由此，“实践概念的审美—表现内涵也就大大地拓宽了，包含了一种道德因素”[②]。

在这里，马克思对于劳动实践的道德批判不是建构在劳动与报酬之间经济交换行为基础上的关系的具体分析之上，而是基于劳动异化程度的深浅而来，这显然是在“劳动”概念审美因素上的进一步扩充，或者说道德提升。

（三）“劳动实践”的不纯粹性

由上面对异化劳动的分析，可知马克思对一般性的物质生产劳

---

① ［德］于尔根·哈贝马斯：《现代性的哲学话语》，曹卫东等译，译林出版社 2004 年版，第 74 页。

② ［德］于尔根·哈贝马斯：《现代性的哲学话语》，曹卫东等译，译林出版社 2004 年版，第 74 页。

动意义上的“劳动实践”概念进行了适当而隐蔽的扩充，即在基本的物质生产基础上附加了审美因素和道德因素，由此以隐含的审美价值和道德价值要求来展开对社会生产和文化领域的合理性进行理解和批判。但从整体上，马克思从未动摇生产劳动的根本性质和根本规定。马克思仍然坚持劳动的根本性质——维持人类生存的生活消费品的生产，仍然坚持工具合理性作为生产劳动的根本规定。那么，“劳动实践”概念中所包含的物质生产、审美、道德因素之间究竟是怎样的一种关系和格局，它们在实践哲学视野中所依赖的逻辑基础又是怎样的，等等，就成为实践哲学所必须考虑的问题，即“关于审美—表现的价值合理性、自然法的伦理要求、劳动实践的工具合理性——这三者如何发生，关系如何，各自所依赖的逻辑基础如何，就成为实践哲学需要论证和澄清的基础性学理问题”①。

显然，在马克思那里，这种区分和论证是阙如的。作为审美因素和道德因素只是隐秘潜藏在物质生产的劳动实践中，或者说是直接将审美和道德性看作劳动本身所具有的因素，无须再做相关的交代和应有的论证分析。马克思在坚持劳动的物质生产的根本性质和不放弃生产劳动具有审美和道德价值因素之间做出调和的努力，本身就是对劳动概念在实践哲学中的规范性根基的一种动摇，或者说是混淆。用哈贝马斯的话说，就是“在马克思主义传统中，劳动概念及其内在的目的合理性……始终都是含混不清的”②。

这种混淆延续在之后的批判理论中，甚至到法兰克福学派第一

① 吴兴明：《实践哲学遮蔽了什么?》，《文艺研究》2007年第8期。

② ［德］于尔根·哈贝马斯：《现代性的哲学话语》，曹卫东等译，译林出版社2004年版，第75页。

代那里。可以说，到哈贝马斯之前，马克思主义理论家们都未曾对上述问题做出区分和清理，相反，他们针对资本主义社会异化问题的社会批判理论，依然建构在实践之主客关系模式上。无论是在“第一位马克思主义者”① 卢卡奇那里总体化的“物化”批判理论，在霍克海默、阿多诺那里膨胀为总体性的目的理性（工具理性）批判，还是马尔库塞那里压制内在自然成为“单面人”的科技理性批判，它们对马克思的推进和反思是不同层面的，也提出了不同的打破异化、恢复人性的方案，如卢卡奇寄托在无产阶级意识的觉醒和革命运动，霍克海默和阿多诺对于“模仿”冲动的原始诉求，马尔库塞介于“审美之维”的抗衡，等等。但事实上，他们始终未曾走出实践哲学的基本困境，因为，其理论建构一致地将理性等同于单一的目的理性，企图在这单一的目的理性中去寻找突破社会异化的可能性途径。整体上，他们所有的努力依然是在实践之主客认识的关系模式中展开，仍囿于马克思主义传统的生产范式。马克思主义传统中存在的规范性基础问题，审美、道德和认知之间的关系始终未曾得到清理，实践之主客关系的模式主宰着批判理论建构的理论范式和批判路径。

问题是，单一的目的理性并不能为劳动操作之外的审美活动、道德实践活动提供规范性根据。从现代性的人义论背景来讲，文化价值领域的分化在逻辑上就已经决定了每个领域的界限和独立自主性；从社会现实来看，追求利润最大化的工具理性，要求排除无目的性的审美和伦理道德的应然要求。这意味着，审美和伦理要求的

---

① ［德］尤尔根·哈贝马斯：《交往行为理论》（第一卷），曹卫东译，上海人民出版社2004年版，第336页。

合理性，无法在主客关系的工具理性之中产生，而必须“到非劳动的目的合理性之中去寻找”[①]，这在思想上要求走出实践哲学的视野。

第三节　实践关系对其他关系类型的归并

显然，李泽厚对实践哲学具有的先天视野缺陷并没有自觉的意识和反思。在李泽厚有关实践哲学的论述中，从1979年的《批判哲学的批判》主体性实践哲学理论的建构到2002年的“历史本体论”、2005年的“实用理性”、2010年的《哲学论纲》等，均看不到他对实践哲学视野缺陷和实践哲学困境的基本反思，相反，而是自始至终地将生产范式的实践哲学在他论述所涉及的认识论、伦理学、美学、思想史论等众领域中进行全面的贯彻和展开。这就意味着，在李泽厚的实践哲学中关于认知领域、道德实践领域和审美表现领域的论述，和马克思主义传统一样，无一遗漏地纳入了主客关系模式的实践活动领域中。

在实践领域中寻求为审美立法、为道德立法的合理性依据，这是在忽视实践哲学先天视野缺陷的基础上，进一步导致对具体领域的规范性基础的抽离和扭曲——“人类在实践主客关系之外的其他基础性关系类型向实践关系减缩”[②]。众所周知，在传统的主体性哲学的框架中，认知、实践和审美每个领域都有着自身独立的关系视

① 吴兴明:《实践哲学遮蔽了什么?》,《文艺研究》2007年第8期。

② 吴兴明:《实践哲学遮蔽了什么?》,《文艺研究》2007年第8期。

野，对于每个领域中的活动的分析都是在其对应的独特视野中展开，从该领域的活动内部寻求自身的合法性根据，即“自己替自己制定规范”①。抽离或扭曲任何领域的关系视野，就必然相应地失去能够为该领域活动提供内在规定性的合法性根据。在作为生产范式的实践哲学中，实践关系归并了实践关系之外的人类其他基础关系类型，这就必然导致其他理性形式（认识理性、交往理性等）向目的—认知理性的减缩，实则从学理上取消了对认识、行为、审美等活动之普遍必然性之内在根据的探讨。

其中，对于审美认识的逻辑学还原在前面已经有所涉及，此不赘述。下面着重从认识活动和道德活动两个领域，分析实践关系对于认识理性和交往理性的归并和扭曲，以及如何从内部根据的学理探讨变成外部发生的人类学描述的。

一　认识理性的减缩

李泽厚对认识论的详细论证集中在1979年的《批判哲学的批判》一书的第2—6章中，是在批判康德的认识论的基础上建构起来的。李泽厚对康德认识论所做的“纠正”和“加深”就是“把康德说成是先验形式的认识范畴、纯粹直观、绝对命令、审美共同感等等，还它们以本来面目，即给予它们以社会历史的具体根源及其具体发展过程”②。从有关认识论章节小标题的对应上可略见李泽厚对

① ［德］于尔根·哈贝马斯：《现代性的哲学话语》，曹卫东等译，译林出版社2004年版，第8页。

② 李泽厚：《批判哲学的批判》，《李泽厚十年集》（第二卷），安徽文艺出版社1994年版，第102页。

康德“先验综合判断如何可能”的实践论置换和还原：

认识论：（一）问题的提出——“社会生活在本质上是实践的”（马克思）

认识论：（二）空间与实践——“一切存在的形式是空间和实践”（恩格斯）

认识论：（三）范畴——“必然性的证明是在人类劳动中，在实验中，在劳动中”（恩格斯）

认识论：（四）“自我意识”——“问题在于改变世界”（马克思）

认识论：（五）“二律背反”——“不能避免矛盾”（恩格斯）

认识论：（六）“物自体”——“人应该在实践中证明自己思维的真理性”（马克思）[①]

在这整个认识论的分析过程中，李泽厚要做的是借助马克思的实践论，“把先验论颠倒过来，以找出它的现实的物质根基”[②]。由此，提出并完成了以“人类如何可能”取代康德“认识如何可能”著名命题的实践论还原。

实际上，李泽厚对康德“先验综合判断如何可能”认识论命题的批判和置换，就是“把康德所强调的普遍必然性问题要放在具有一定客观社会性的人类整体历史的基础上来考察”[③]。李泽厚从实践

① 参见李泽厚《批判哲学的批判》第 2—6 章节小标题，《李泽厚十年集》（第二卷），安徽文艺出版社 1994 年版。

② 李泽厚：《批判哲学的批判》，《李泽厚十年集》（第二卷），安徽文艺出版社 1994 年版，第 177 页。

③ 李泽厚：《批判哲学的批判》，《李泽厚十年集》（第二卷），安徽文艺出版社 1994 年版，第 101 页。

论的角度出发，认为康德分析得来的具有普遍必然性的认识形式，并不是绝对的，而是相对的，是一定社会时代的历史产物。“世上事物本没有什么绝对的普遍必然，那只是一种僵化观念。康德当年心目中的那些所谓普遍必然的科学知识，也都是相对真理，只是在人类社会实践的一定水平的意义上具有普遍必然的客观有效性。这个有效性随着人类社会实践的不断发展而不断扩大、缩小、修改、变更。”① 接着，李泽厚对由古希腊欧几里得几何到相对论进行了一个历史性描述：

> 由欧几里德几何到各种非欧几何，由牛顿力学到爱因斯坦相对论和量子力学，都说明康德当年看作普遍必然、一成不变、绝对适用的科学真理，很明显地只适合于一定的范围和条件、时间之内，只有在这个限度内具有普遍必然性。可见，所谓“普遍必然”，在根本上被决定于人类社会实践在一定历史时期内所达到的一定水平、范围和限度。②

由此，李泽厚以类似的逻辑否认了康德的纯粹理性以及所有科学原理的普遍必然性，认为它们在人类实践历史的长河中只是相对存在，不可能普遍到人类产生之前、生存之外。因而，任何的理性都只是相对的，而不存在绝对的普遍必然性。

问题是，李泽厚所批判的和康德所论证的并不是同一性质的论题。康德所论证的是，在认识内部主客体的表象关系中普遍必然性

① 李泽厚：《批判哲学的批判》，《李泽厚十年集》（第二卷），安徽文艺出版社 1994 年版，第 84 页。

② 李泽厚：《批判哲学的批判》，《李泽厚十年集》（第二卷），安徽文艺出版社 1994 年版，第 84 页。

是如何产生的；李泽厚所建构的，则是认识是如何发生和演变的。前者所论证的“普遍必然性”是认识理性的共时性约束，后者的“相对性”则指作为经验事实的历史发生；前者讲认识的逻辑内容及语用约束，后者则讲认识作为心理智力结构的社会学发生；前者是认识论，后者则是认识发生论。显然，李泽厚对康德认识论的批判和重构实则是一个由认识论内部的精确分析转变为外部发生论的人类学描述。

事实上，认识论的义理分析并不能还原成实践中的“做”。在主体性哲学框架中，认识论内部的分析，是对于“物自体”反射在人的意识中的表象与认知能力关系的纯化思辨，旨在寻求可以达成普遍认识共识的一般性形式，它所在的表象—认知视野和现象学依据都是既定的。显然，李泽厚对于实践活动之主体对客体的改造和利用的历史追踪，无法推论出有关认识论的义理，即实践中“‘做’的有效性并不能内在地回答：认识普遍必然性如何可能的问题”①。遗憾的是，李泽厚对认识理性的论证分析恰恰是在对实践活动的还原中完成的。将康德的“先天综合判断如何可能”的问题还原成为发生论问题，将“认识如何可能”还原成为“人类如何可能”，这在根本上抽离了认识的关系视野。认识内部表象—认知关系视野的取消，意味着认知活动的普遍必然性失去了得以规定自身并直接显明自身的现象学根据。在这种情况下，普遍必然性问题直接还原成实践运用的普遍性，认识关系向实践关系减缩，认识价值的“真”的内部规定被消融在“做”的历史向度之中。

① 吴兴明：《实践哲学遮蔽了什么?》，《文艺研究》2007 年第 8 期。

二　道德规范的历史还原

人类基础关系向实践关系的减缩，也发生在道德领域。李泽厚认为，“社会实践不但是认识的根本基础，而且也是伦理、道德、政治、历史的根本基础”①，并沿着批判康德认识论的实践论基础和历史还原的路径，展开对康德的伦理学的批判和实践哲学伦理学的重构。与认识领域相比，道德理性向工具理性的还原和减缩，造成了更为严重的后果。主要体现在两个方面：一是规范向历史的还原；一是法理性、合法性的还原。先来看前一个问题。

自始至终，李泽厚探讨的伦理学主题是道德普遍性的历史来源的考察。从1979年的《批判哲学的批判》到1980年的《孔子再评价》，到2004年的《实用理性与乐感文化》，新近的2010年的《伦理学纲要》、2011年的《哲学纲要》，伦理学的内容在不断完善和丰富，但大致内容是一致的：将道德区分为宗教性道德和社会性道德，又相应地区分为私德和公德两种。在这层层区分的伦理学内容中，李泽厚认为道德问题和伦理学的关键所在是：

> 个体的这种“理性凝聚”的伦理意志和道德力量，它超越了个体的幸福、经验、利害、要求，到底从何而来和所为为何呢？这也就是问：康德所讲的“绝对律令”、中国传统讲的“天理”“良知”，究竟从何而来？个体绝对地服从和履行它们，

① 李泽厚：《批判哲学的批判》，《李泽厚十年集》（第二卷），安徽文艺出版社1994年版，第364页。

又为了什么？[①]

可见，李泽厚伦理学探讨的主题是“从何而来”，即道德规范的普遍性之历史来源。目的是从“从何而来”来规定“所为为何”。这也是他主张的“人类如何可能”代替康德“道德如何可能”在道德领域的推进。

那么，这根源何在呢？道德的普遍性（“善”）从何而来呢？经过考察，李泽厚认为：“‘善’不是来自那个超人间的康德的‘纯粹理性’，也不是来自黑格尔的‘绝对理念’，而是来自实践。”[②] 道德理性与认识理性一样，来自实践的积淀。更为根本的是，李泽厚直接将“善”与人类的生存联系起来，认为“‘善’是作为历史总体的人类社会实践的根本性质。这也就是说，社会实践（人类存在与发展的基础）本身就是‘本体的善’，其他一切的善都由它派生而来”[③]。也就是说，道德律的产生即为了族类的生存。

具体而言，最初的动因是个体维护群体生存和利益的规范要求。“它本是一定时代、地域、民族、集团即一定时、空、条件环境下的或大或小的人类群体为维持、保护、延续其生存、生活所要求的共同行为方式、准则或标准。”[④] 这种旨在维护群体生存、人际关系的原则、法则，因为出自群体生存的目的，因而具有一种个体无可抗

① 李泽厚：《历史本体论·己卯五说》，生活·读书·新知三联书店 2003 年版，第 51 页。

② 李泽厚：《批判哲学的批判》，《李泽厚十年集》（第二卷），安徽文艺出版社 1994 年版，第 365 页。

③ 李泽厚：《批判哲学的批判》，《李泽厚十年集》（第二卷），安徽文艺出版社 1994 年版，第 365 页。

④ 李泽厚：《历史本体论·己卯五说》，生活·读书·新知三联书店 2003 年版，第 53 页。

拒的命令性和超越性，经过长期的社会实践发展，由“经验变先验”，内化为人的心理本体的意志结构，从而具有了超功利而被普遍认同的必然性。在《孔子再评价》中，中国传统的道德普遍性表现为，“本是对个体成员具有外在约束力的一套习惯法规、仪式、礼节、巫术”[①] 的“礼”，向内在情感规范转化为“仁”的心理原则；在《实用理性与乐感文化》中，这种普遍性被表述为“道由情生”（“情本体”）[②]，即外在规范内化为人的情感意志，等等。由基本的习俗而提升、超越，最终演变为普遍性的道德，这一从历史实践的根源追问道德发生论的思路，自始至终贯穿在李泽厚所有关于道德伦理的论述文字中。

道德理性的内在规范被历史地还原、消解。和认识理性被归并一样，在“从何而来”向“所为为何”的论证逻辑的还原中，道德规范也被作了向历史的还原，即规范被还原为最初的社会事实、群己利害，甚至是内化积淀的情感。在这一系列的历史还原中，关于道德自身的义理、规范、得以显明自身的现象学根据都消融在了历史向度之中。

问题是，规范是不可还原的。不可否认，道德活动的终极起源可能追溯到劳动实践本身，但是一旦人与人之间的协作关系脱离劳动而获得独立性，那么它便摆脱了劳动实践，而成为一种独立的规范行为。就所展开的视野而言，它不再是主体与对象之间，而是自然、社会和主体之间展开；就约束领域而言，它所约束的是人与人，

---

① 李泽厚：《孔子再评价》，《李泽厚哲学美学文选》，湖南人民出版社 1985 年版，第 11 页。

② 李泽厚：《实用理性与乐感文化》，生活·读书·新知三联书店 2005 年版，第 55 页。

即主体与主体，不再是实践关系中人与自然；就约束对象而言，它所约束的对象是诸主体，不再是实践活动所约束的自然物。因而，交往行为具有了属己的领域、对象以及规范。如果将主体之间的关系价值纳入策略行为的目的合理性，那么，这将直接取消作为合作者的主体身份，使之重新回到实践关系中为单方面谋利的对象性身份。相应地，社会的规则、规范系统若被还原成简单的工具理性，将取消社会系统的根本价值——正义以及正义所维护的人的自由和权利。因而，规范、规则是不可还原的。

从学理上来讲，道德的合法性来自“意志自律”。行为规范一旦脱离基础的劳动实践而独立，那么，它就必须从其自身活动内部（主体间自由意志的认同、信持）寻找自我确认的根据，即“意志自律”。康德在其《实践理性批判》中的努力正是探讨主体间的认同和信守对于规范形成的关键性意义。“意志自律是一切道德律和与之相符合的义务的惟一原则；反之，任意的一切他律不仅根本不建立任何责任，而且反倒与责任的原则和意志的德性相对立。”① 因而，一方面“意志自律”要求道德律首先要从主体间的行为内部去寻找根据，另一方面普遍性要求它只能是“纯形式”的无利害性，“惟有准则的单纯立法形式才是一个意志的充分的规定根据”②。实际上，作为生产范式的实践哲学并不能为道德行为提供规范自身的合理性依据，因为在实践之主客关系的模式中无法延伸出主体间性的关系空间，策略行为的目的理性也无法为主体间的认同和信持留有余地。因而，李泽厚只能从劳动起源的功利性要求中为道德规范

① ［德］康德：《实践理性批判》，邓晓芒译，人民出版社2003年版，第43页。

② ［德］康德：《实践理性批判》，邓晓芒译，人民出版社2003年版，第36页。

提供义理支撑，进而，将这种伦理规范依照反映论还原的逻辑坐实在历史向度中，最终“导致事实与规范之差异的泯灭，并且将规范的理据变成了事实性的利害逻辑”①。由此，道德行为向劳动实践归并，无论是涉及经验、利害，还是依据在主体间性认同和信持之外来为道德行为立法，就取消了考量道德普遍必然性的关系视野和可以推论的有效根据，从而在学理上取消了道德规范的独立性。

三　法理性、合法性的还原

如果说，道德领域规范向历史的还原，道德行为在关系视野上向实践之主客关系还原，导致事实与规范之间的混淆，那么，法理性、合法性向历史的还原则是事实与规范的混淆在现代社会具体层面的落实和表达。伦理学一直是李泽厚建构实践哲学大厦的基础部分，在《历史本体论》《伦理学纲要》等后期的伦理学著作中，对中国现代自然法，即“社会性道德”进行了较多的关注和分析。

李泽厚着眼于中国经济发展的社会现实，将“宗教性道德”从“社会性道德”分离开来，重点探讨了与西方现代社会性道德区分的中国“社会性道德”问题。“宗教性道德”，作为道德之一种，侧重于“终极关怀和安身立命，它是个体追求的最高价值，常与信仰相关系”②，“社会性道德”，“则是某一时代社会中群体（民族、国家、集团、党派）的客观要求，而为个体所必需履行的责任、义务，常与法律、风习相关连”③。但是，在做出区分之后，作者始终未曾对

① 吴兴明：《实践哲学遮蔽了什么？》，《文艺研究》2007 年第 8 期。

② 李泽厚：《哲学探寻录》，《世纪新梦》，安徽译文出版社 1998 年版，第 19—20 页。

③ 李泽厚：《哲学探寻录》，《世纪新梦》，安徽译文出版社 1998 年版，第 20 页。

"社会性道德"应然之根据的人权、权利等问题展开论述，不曾将人人不能例外必须遵守的"社会性道德"的合法性问题纳入他考察法理性的范围。

那么，李泽厚怎样去论证"社会性道德"，又是怎样从实践哲学中为中国现代法律、法则提供合法性基础的呢？和批判康德认识论的路径一样，李泽厚遵循的依然是历史还原的逻辑。他在《历史本体论》中首先对西方现代社会性道德，即法理性的合法性进行了历史还原，在历史向度中追问道德普遍必然性何以可能的基础上回归"天地国亲师"的中国传统。

"社会性道德"与实践的关系，依然遵循着反映论还原的逻辑。在李泽厚看来，权利要求的普遍必然性只是与社会经济发展相适应的产物，"只须将反映者沿被反映者的线索在社会的'感性历史'之中去坐实，就可以得到关于道德的'真理'"①。据此，李泽厚将西方现代性社会道德与资本主义的普世经济对号入座：

> 现代社会所要求的自由、民主、人权……只是现代人际关系中共同遵循的政治、法律原则（政治哲学）。它们……实际乃是现代经济生活（西体）的产物，所以才具有世界性的客观社会性。其普遍"必然性"来自我所谓的工具本体，而非来自"天赋人权"。②

"现代社会性道德"不必要与这种追求普世性的宗教伦理，

① 吴兴明：《实践哲学遮蔽了什么?》，《文艺研究》2007年第8期。

② 李泽厚：《历史本体论·己卯五说》，生活·读书·新知三联书店2003年版，第71页。

> 甚至不必要与追求普世性的“天赋人权”等自由主义陈旧哲学相联系。它的客观上的普世性，来自世界经济生活的趋同或一体化……这趋向包括食衣住行、医疗、工作、交通、娱乐、信息等物质生活，从而精神生活中的个体自觉、个性解放、个人独立等便不可避免。①

在反映论还原的逻辑中，现代社会性道德之权利所要求的普遍性就成为与现代资本主义经济普世化相适应的产物。“现代社会性道德的‘普遍必然性’乃来自现代经济政治生活，并非先验或超验的原理，也不是圣人的英明或上帝的旨意。其所谓‘普遍必然性’正是‘客观社会性’。”② 道德作为上层建筑对经济基础的反映，这一还原逻辑理论地支撑了李泽厚的道德论。由此，李泽厚进而得以发动对基于个体主体基础上道德的应然根据——人权、自由的质疑和否定，断定“它的所谓‘普遍性’的依据及其原由，仍然是理论上未有证明的非历史的假设”③。

问题是，李泽厚非常清楚“基于个体利益之上的人际之间的社会契约，是一切现代社会性道德从而是现代法律、政治的根本基础”④，但是他仍然义无反顾地依据反映论还原的逻辑执着地层层追

---

① 李泽厚：《历史本体论·己卯五说》，生活·读书·新知三联书店2003年版，第71—72页。

② 李泽厚：《历史本体论·己卯五说》，生活·读书·新知三联书店2003年版，第62页。

③ 李泽厚：《历史本体论·己卯五说》，生活·读书·新知三联书店2003年版，第65—66页。

④ 李泽厚：《历史本体论·己卯五说》，生活·读书·新知三联书店2003年版，第61页。

问："这种个人自由的'普遍（必然）性'来自何处？何以可能？"[①]进而"这个'普遍性'有没有限制？能'普遍'到何种程度？能"普遍"到作为某种情感信仰、人生准则，要求人人内心服从笃信而施行的原则吗？"[②] 显然，在这里，李泽厚"将规范的理想有效性与规范有效的现实作用混为一谈"[③]，将学理上规范的合理性与现实中的规范适用性混为一谈，将普遍必然的纯粹形式与功利性的社会实践混为一体，导致规范与事实之差异的泯灭。这种理论取向在根源上仍然属于人类基础关系——人人关系向实践关系的减缩，其结果是工具理性归并交往理性，法理性、合法性消融在历史向度之中。

由上可见李泽厚学术目的和手段之间的悖谬。尽管李泽厚敏感而恰切地诊断出，"形式正义、程序第一优先于实质正义、内容第一，将成为中国走向现代化的必经之路"[④]，但是，他给出的方子——规范的形式和程序，并不能达到他欲求的目的。因为它不是从个体主体之间的平等对话和协商而来，"主体间的承认奠定了规范的社会有效性的基础"[⑤]，相反，而是从主客关系的目的工具—理性而来，是"理性作为人们追求物质生活、衣食住行等的工具使社

① 李泽厚：《历史本体论·己卯五说》，生活·读书·新知三联书店2003年版，第65页。

② 李泽厚：《历史本体论·己卯五说》，生活·读书·新知三联书店2003年版，第66页。

③ 转引自尤尔根·哈贝马斯《交往行为理论》（第一卷），曹卫东泽，上海人民出版社2004年版，第184页。

④ 李泽厚：《历史本体论·己卯五说》，生活·读书·新知三联书店2003年版，第63页。

⑤ ［德］尤尔根·哈贝马斯：《交往行为理论》（第一卷），曹卫东泽，上海人民出版社2004年版，第88页。

会生活许多方面日益程序化、规范化和形式化”①。如果将现代社会法律、法规的程序、形式在主客关系的实践视野中展开，势必抽取人与人、个体与社会之间“人”的维度，它约束的领域仍然是主体和对象客体，而不是人和人、个体与社会的人际关系，约束的对象仍然是自然界，而不是诸主体。由此，社会法制、法则得以建立的关系视野和学理根据将不复存在。当权利、合法性等作为策略行为的关系延伸，本身既已成为手段，成为利益的派生物，它们作为规范价值的自足合理性就消失了，而且随利益需求可被随意篡改。因而，尽管李泽厚敏锐地洞察到中国社会的未来走势，并发出穿透历史的理性吁求，然而，他所有的洞见和不懈的努力，和道德、法律、法理的规范在实践中的消融一样，都在他终生执守的工具理性中幻化成泡影。

第四节 实践哲学理性概念的基本困境

与西方马克思主义对于实践哲学的继承和推进相比，李泽厚对马克思的实践哲学做了中国式的探索和表达，“一方面是立足于人类社会基本生存的马克思哲学的阐释，另一方面又正好是无人格神背景的中国传统哲学的延伸”②。“实用理性”概念即是对实践哲学理

① 李泽厚：《历史本体论·己卯五说》，生活·读书·新知三联书店 2003 年版，第 63 页。

② 李泽厚：《哲学探寻录》，《世纪新梦》，安徽译文出版社 1998 年版，第 10 页。

性的最新中国式表述，融入中国本土传统的实用精神的工具理性。那么，何谓“实用理性”呢？“实用理性乃‘经验合理性’（empirical reasonableness）的概括和提升。”① 而经验源于“实践”，源于李泽厚在《批判哲学的批判》中的狭义“实践”——使用—制造工具的劳动操作活动。实用理性的逻辑是“把思维规则放在实践的操作之上，显示它乃经验合理性的抽象提升”②。也就是说，由经验提升的抽象理性来自实践操作，在实践操作中获得理解、规定、反思自身的理论根据。这仍然是一种向实践、历史的还原逻辑。这种历史还原的逻辑，一直贯穿在李泽厚50年代美学到2010年《哲学论纲》中，60年未曾有变。还原的逻辑决定了它鲜明的工具理性立场。显然，这里所谓的“实用理性”即工具理性。与霍克海默、阿多诺西方马克思主义诸君对工具理性立场的犹疑反思不同，李泽厚对这种实践哲学固有的立场一直深信不疑。在当下反中心、反科学的非理性时代，他始终“坚信科学发展将有益于人类”③，以逆时代而动的拒绝姿态坚持理性对于人类的不可或缺。

问题在于，在作为生产范式的实践哲学中，主体和对象之间只能出现一种认知—工具的合理性，这必然导致具体的“劳动”向社会劳动或“类”的劳动总体的“膨胀”，即一般性劳动实践中出现的主体对客体的改造和利用、人与人的劳动协作、实践的目的合理性等，在生产范式哲学的规定中获得了“类”的总体性特征：一，主客体关系上升为整体世界中人和自然的关系，“人”上升为“人

① 李泽厚：《实用理性与乐感文化》，生活·读书·新知三联书店2005年版，第3页。

② 李泽厚：《实用理性与乐感文化》，生活·读书·新知三联书店2005年版，第53页。

③ 李泽厚：《实用理性与乐感文化》，生活·读书·新知三联书店2005年版，第115页。

类”；二，人与人之间的协作关系上升为群体/个体或社会/个人的关系；三，劳动生产的目的理性上升为社会总体价值理性的解释根据。[①] 由此，“膨胀为社会总体的目的理性的工具理性”[②]，以强制的姿态束缚了主客、人人之间的自由关系。

在此，实践哲学不但没能避免黑格尔发掘的伦理总体性分裂的现代性难题，而且别无选择地陷入了“实践哲学及其理性概念的基本困境”——实践哲学自身提供的理性概念及其逻辑无法突破理性本身带来的强制。这主要体现在三个领域：主体与客体，人与自然关系领域；人人关系领域；诸多社会价值系统之间。下面予以详细论述。

一　突破工具理性逻辑的悖谬

激烈地反抗工具理性总体化带来的强制，最为鲜明地体现在要求打破人与自然、主体与客体的异化关系上。马克思、卢卡奇、霍克海默、阿多诺等，都为此拿出了自己的解决方案。但悖谬的是，从这个具有总体性逻辑的工具理性中找不到解放自身的出口。从根本上讲，这是工具理性自身的逻辑使然。下面分四部分予以论述。

（一）工具理性的逻辑

总的来说，工具理性是一种宰制性质的逻辑。这种“宰制”体现为实践哲学展开思考时的自我归属为“主”，并以此立场审视主客

① 吴兴明：《实践哲学遮蔽了什么?》，《文艺研究》2007 年第 8 期。

② ［德］于尔根·哈贝马斯：《现代性的哲学话语》，曹卫东等译，译林出版社 2004 年版，第 77 页。

关系的自觉意识行为。实践哲学展开思考的关系角度是主体和客体、社会和自然之间的关系，在此关系中考察者自觉地站在“主体”“社会”一方进行自我归位，并从“主”之立场来看待主客体之间的关系。这种认知逻辑与意识哲学中的“主体”的主体性原则一致，要求以自我为中心，从“主”之立场来打量一切，将一切对象化，包括内在自我。在实践哲学中这种认知逻辑先在地赋予了主体对客体、社会对自然的优越性以及改造和操控客体的合法性，反向来看，“自然被客观化，并被牢牢地控制住，用来从事自然生命的再生产”①。实践哲学的理性“就是在这种目的意识的反观、抑制、筹划、计算之下产生的”②。由此最终决定了，在主体与客体、社会与自然之间的关系中，主体、社会的“主”之地位与客体、自然的“客”之地位，也就意味着“工具理性从认知主体和行为主体的角度，而不是从被感知和控制的对象的角度，来表现主体与客体之间的关系”③，由此产生的理性则旨在“让主体占有自然，而不是为了告诉自然所要承受的后果”④。这就是工具理性的宰制逻辑。

（二）工具理性的批判

宰制的工具理性，在现代性分裂的症状中首当其冲，是众思想家批判的矛头所向，是整个现代性危机中的关键扭结点。由实践的

① ［德］尤尔根·哈贝马斯：《交往行为理论》（第一卷），曹卫东译，上海人民出版社2004年版，第372页。

② 吴兴明：《实践哲学遮蔽了什么?》，《文艺研究》2007年第8期。

③ ［德］尤尔根·哈贝马斯：《交往行为理论》（第一卷），曹卫东译，上海人民出版社2004年版，第373页。

④ ［德］尤尔根·哈贝马斯：《交往行为理论》（第一卷），曹卫东译，上海人民出版社2004年版，第373页。

工具理性而来的宰制，不单单存在于个别劳动，也弥漫在社会关系总体；不仅表现为对外在自然的控制，也造成了内在自然的全面压制。“剥削客观自然的结构在社会内部又重演了一遍。这一点在人际关系以及内在关系中均有表现，前者的特征是社会阶级压迫，后者的特征在于压制冲动的本性。”① 在这一点上，实践哲学和意识哲学一样，“自我外化的结构和自我关系的结构一样，内部都存在着自我对象化的必然性”②。这种宰制造成了对象外化和内化的双重压抑。同时，在现代思潮中形成了从外在自然到内在自然的双重反抗，且这种反抗随着压制伊始即已存在，不曾停歇，以至于现代思潮中凡涉及技术统治的描述都是在揭示工具理性的宰制，黑格尔、席勒、马克思、尼采、海德格尔、德里达、福柯，等等，几乎凡围绕在现代、后现代主题上的思想家都一致地在揭示工具理性的宰制上做出了一定的努力。

（三）克服工具理性的方案

面对解放的要求，“实践论出于工具理性的逻辑提供了一种来自未来目的合理性的最终肯定”③。针对由工具理性而来的现代性危机，西方思想家给出了各种各样的解决方案，大致有两种模式：一种是对现代性的整体否定，如海德格尔、福柯；另一种是局部的批判和修正，如黑格尔、席勒、马克思。显然，实践哲学流派属于后者。从马克思到卢卡奇、霍克海默等，他们的理论努力皆是在承认

① ［德］尤尔根·哈贝马斯：《交往行为理论》（第一卷），曹卫东译，上海人民出版社2004年版，第373页。

② ［德］于尔根·哈贝马斯：《现代性的哲学话语》，曹卫东等译，译林出版社2004年版，第77页。

③ 吴兴明：《实践哲学遮蔽了什么？》，《文艺研究》2007年第8期。

实践合理性的前提下对社会异化进行的批判和解救。马克思将异化社会的解放寄托在未来目的合理性的“自由王国”远景中，使自然人性得以复归；霍克海默、阿多诺借助“模拟”的冲动，在理性的源头唤醒主体间的存在；李泽厚则主张“回到根本，回到源头”①，对实践中的“度本体”进行重新确认和探讨，在“天人合一”中弥合分裂，等等。无论是寄托在未来的目的合理性的远景，还是回到始源对理性的再确认，其批判路径存有高度的相似性：从实践哲学内部提供的理性概念及其逻辑出发，去寻求突破工具理性的可能性方案。换句话说，实践论反抗的合理性只能在主体对客体的操控关系中得到伸张——在生产力的巨大发展的“自由王国”，使得“合乎人的本性的自身的复归”②。

（四）路径的悖谬

问题是，实践哲学追求的解放目的和所借助的理论手段之间是悖谬的。具体而言，悖谬之处在于，它提供的解放方案不是对于由主客关系所产生理性的强制关系的解除，而是反向的加强，将客体的解放、自由寄托在未来生产力的巨大发展。试问，在工具理性越来越深刻、全面控制外在自然和压制内在自然的过程中，如何通过提高生产力来开启人的全面自由呢？高度复杂的社会功能亚系统显然被忽略了，而将解放异化的希望孤注一掷，这不如说是一个加深异化的悖论。这显然是在工具理性逻辑内部的循环往复，由此不但

---

① 李泽厚：《历史本体论·戊己卯说》，生活·读书·新知三联书店 2003 年版，第 16 页。

② ［德］马克思：《1844 年经济学—哲学手稿》，刘丕坤译，人民出版社 1979 年版，第 73 页。

导不出解放的现实，反而可能陷入更强的操控局面。

李泽厚的路径和马克思如出一辙，将“天人合一”的美好远景建筑在“度本体”的重新确认上，“只有‘工具本体’的巨大发展”“人类主体性才转而为个人主体性”[①]，以及“被压抑、被漠视”个体小我的解放与“共产主义到来前的人类史前期所难以避免甚至必然要经历”[②] 的背反，等等，均为此悖谬做了生动的注脚。其实，在本章第三节末尾的分析中，李泽厚理论探索中目的和手段之间的悖谬已初露端倪，即他在实践哲学主客之关系模式中提供的路径无法通达他设计的“天人合一”的未来远景。

无论如何，宰制逻辑内部开不出真正自由的花朵。只要是在工具理性的内部，无论未来的目的理性是多么合理，它所提供的“自由”永远是被控制、被给予、非自觉的，在操控的逻辑内部永远找不到可以通达解放的中介关系。因为“那些只能得出目的行为的目的合理性和自我捍卫的方法，则更加无法为实践概念提供更多的理性”[③]。在哈贝马斯看来，解放的路径在于走向主体间性，实践哲学之所以无法自我突破，乃在于它“不能提供把僵化劳动当作中介化和偏颇化的主体间性加以思考的手段”[④]，只有在主客双方平等的对话和协商中，才能从根本上解除理性的关系强制，才能使被操控的客体向主体地位提升。

---

① 李泽厚：《哲学探寻录》，《世纪新梦》，安徽译文出版社 1998 年版，第 18 页。

② 李泽厚：《批判哲学的批判》，《李泽厚十年集》（第二卷），安徽文艺出版社 1994 年版，第 220 页。

③ ［德］于尔根·哈贝马斯：《现代性的哲学话语》，曹卫东等译，译林出版社 2004 年版，第 76—77 页。

④ ［德］于尔根·哈贝马斯：《现代性的哲学话语》，曹卫东等译，译林出版社 2004 年版，第 75 页。

二　无法克服的社会主体中心论

如果说在主体与客体、社会与自然的关系领域，实践哲学无法自行消解由工具理性逻辑及其规定带给客体的关系强制，那么，在人与人的关系领域，实践哲学亦不能克服由实践之主客关系的价值合理性模式带来的社会主体中心论。

如果说在主体与客体的关系中，实践者自我归属的立场意识是“主”之一方的话，那么，在人与人之间，它的自我归属的立场意识是社会总体（“类”），即作为社会或人类整体并以此对待人人关系。作为生产范式的实践哲学，要求所有社会价值领域、人人关系、人类基础活动等全部在主客关系的模式之中展开，反过来，要使实践的目的理性普遍化，就必然要求实践哲学具有一种社会总体性的立场。这种社会总体性的立场，它首先来自作为区别动物、自然的“人类”，其次是改造自然、控制自然的“类”的主体性。从主体性的自我生成，区别于自然的意义上来讲，“人”的确首先应该是“类的存在物”[①]。

但是，如果以此主客关系的合理性模式在人与人之间的关系领域展开的话，那么，实践的目的理性就必然导致人与人之间关系的变异，即由自然的平等对话变为相互利用、相互制约的目的和手段的关系。此即实践哲学的社会主体中心论。与意识哲学中存在的“主体中心论”包含了“类”与“个体”不同，实践哲学将重心集

① ［德］马克思：《1844年经济学—哲学手稿》，刘丕坤译，人民出版社1979年版，第48页。

中在了“类”主体上。李泽厚在实践哲学中对社会主体性的逻辑做了反复而执着的论证，如“《论纲》要讲的‘主体性’首先是指人类群体”[①]，实践指的是“人类总体的社会历史实践”“人类总体的发生学角度”[②]；在50年代讨论美学的文字中，几乎无一例外地全以“人类”为实践之主体；在80年代后的诸提纲中，虽然提出了个体的问题，但这个“小我”（个体自我）只能在“大我”（人类集体）的前提下得以展现，“具有血肉之躯的个体的‘我’历史具体地制约于特定的社会条件和环境”[③]，以及“人类主体性”“心理结构”“心理本体”，等等，可以说，如果没有做出特别交代，这所有的实践主体都是指社会总体、人类。在李泽厚的实践哲学中，“类”/群体/社会/未来相对于个体/个人/当下永远具有优先性和根本性。

问题是，实践哲学的工具理性的逻辑及其规定在人与人的关系领域中造成了另一种宰制。这种宰制不是个人对个人，阶级对阶级，而是群体对个体、社会对个人、历史对当下、未来对现代的强制优先性和约束性，人类总体的目的合理性获得了至高无上的绝对权利，据此它可以有理由要求一切当下个体的绝对服从。于是，正如李泽厚所言：“主体目的高于客体因果，这一目的性作为群体的意向和意识，对个体具有命令、规范、约束、强制的至上权威。”[④]

---

① 李泽厚：《关于主体性的补充说明》，《李泽厚哲学美学文选》，湖南人民出版社1985年版，第165页。

② 李泽厚：《关于主体性的补充说明》，《李泽厚哲学美学文选》，湖南人民出版社1985年版，第173页。

③ 李泽厚：《批判哲学的批判》，《李泽厚十年集》（第二卷），安徽文艺出版社1994年版，第220页。

④ 李泽厚：《实用理性与乐感文化》，生活·读书·新知三联书店2005年版，第130页。

在此，主体论变成了社会控制论。在这种逻辑关系中，群体与个体、社会与个人、历史与当下、未来与现代，当这两者之间遇到利益取舍的时候，毫无疑问，人们将按照社会主体中心论的逻辑简单地予以取舍，即按照社会主体性为主体而割舍个体主体性。由此，“看来是个体的具体的人的需要、情欲、存在恰好是抽象的、不存在的，而看来似乎是抽象的社会生产方式、生产关系却恰好是具体的、历史现实的、真实存在的”①，活生生地存在当下的个体生命被纳入了隐而不现却又无处不在的伦理魔咒，个体主体性在压倒一切的类主体面前消融殆尽。总之，总是个体之外的那个子虚乌有的社会主体，成为我们设定社会规范、法则、法规的价值主体，它在社会价值维度上取消了道德、法律合法性的内在根据——个人主体及个体权利。这就是为何在李泽厚的理论体系中，涉及个体的“个人权利”“个人道德”等永远只能以“私”的形式进入只有“公”才具合法性的社会价值论域。

悖谬在于，只要以实践之主客关系的目的理性去要求人人关系领域，社会主体中心论的逻辑就无可避免，它必然在整体上需要一个大写的“我”来承担社会总体的目的合理性。而只要这样做，就必然将工具理性的强制逻辑带到人人关系之中，将所有与社会主体相对的个体和当下进行手段化和历史目的化。由此，它就必然导致人人关系的异化，造成社会主体对于个人主体的约束和压制，进而扭曲社会规范价值的合理来源。也就是说，实践哲学自身无从显现社会规范价值的合理来源以及自我推论的内在理据。因为，社会价

① 李泽厚:《美学四讲》,《李泽厚十年集》(第一卷), 安徽文艺出版社 1994 年版, 第 452 页。

值的基础、权利来自主体间的平等交往与协商，而非主客关系论域。

三　不可避免的价值归并和减缩

在社会价值领域，实践之主客关系的模式吞没了人类其他的基础关系类型，由此其他理性形式也向工具理性归并和减缩，导致诸社会价值的手段化理解和学理上的价值系统本身的取消。对此，前面已经有所涉及，此不赘述。

四　美学作为“第一哲学”

对于实践哲学的工具理性带来的压制，李泽厚显然并不是没有意识到，而且抱着乐观的态度。面对20世纪以来的分裂、异化、堕落的现代性社会图景，他始终首肯现代科技带给人的便宜，反对海德格尔对于现代科技理性决绝的整体否定，将工具理性的审度、分析执着地贯穿在从工具本体到情本体、历史本体、度本体等本体家族繁衍的思想进路中。与西方马克思主义的诸多理论家一样，李泽厚始终坚信：只有生产力巨大发展的自由王国，才“是人和自然以及人和人之间对抗的真正解决，是存在和本质、对象化和自我肯定、自由和必然、个体和族类之间的抗争的真正解决”①。

（一）统一的最高价值状态：美

与阿多诺一样，李泽厚将克服分裂的重任最终寄托给了美学。

① 李泽厚：《批判哲学的批判》，《李泽厚十年集》（第二卷），安徽文艺出版社1994年版，第439页。

不同的是，李泽厚将美学上升为了最高本体论——“第一哲学”。其一，审美对于认识和道德认识的影响。因为审美“由全所身心发动并作用于整个心灵，便可以转化为实现人的各种潜能、品质、性格的积淀物，从而使个体成为创造的主体”[①]，因而，主张“以美启真”，“以美储善”。其二，“美正是一切异化的对立物”[②]。因为“审美的特征正在于总体与个体的充分交融，即历史与心理、社会与个人、理性与感性在心理、个体和感性自身中的统一”[③]，因而，“沟通认识与伦理、自然与人、总体（社会）与个体，并不需要上帝，不需要目的论，只需要美学”[④]，“在主体性系统中，不是伦理，而是审美成了归宿所在：这便是天（自然）人合一”[⑤]。其三，“天人合一”的审美境界。不同于西方本体和现象二分的“两个世界”，中国是理欲融合的“一个世界”，因而“天人合一”与工具理性互补，弥合现代性分裂。“天人合一”即人性达到“上下与天地同流”“与天地参”的天地境界的审美状态。其四，美学作为人的最高本体。因为“美的本质是人的本质最完满的展现，美的哲学是人的哲学的最高级的峰巅”[⑥]，因而，“历史本体论承续着这一潮流，将美

① 李泽厚：《论语今读》，生活·读书·新知三联书店 2004 年版，第 439 页。

② 李泽厚：《批判哲学的批判》，《李泽厚十年集》（第二卷），安徽文艺出版社 1994 年版，第 432 页。

③ 李泽厚：《关于主体性的补充说明》，《李泽厚哲学美学文选》，湖南人民出版社 1985 年版，第 176 页。

④ 李泽厚：《批判哲学的批判》，《李泽厚十年集》（第二卷），安徽文艺出版社 1994 年版，第 425 页。

⑤ 李泽厚：《关于主体性的补充说明》，《李泽厚十年集》（第二卷），安徽文艺出版社 1994 年版，第 487 页。

⑥ 李泽厚：《康德哲学与建立主体性论纲》，《李泽厚十年集》（第二卷），安徽文艺出版社 1994 年版，第 473 页。

学作为第一哲学，正是将人的感性生命推到顶峰”[①]。由此，“美”从认识活动中的创造性因素到认识论、伦理学之后世界哲学的下一个重心，“是起点，也是终点，是开发自己的智慧、能力、认知的起点，也是托寄自己的情感、信仰、心绪的终点”[②]，上升为人性的最高本体论。

（二）“审美主义”话语

在李泽厚的实践哲学中，美学“成了关系含量最多、差不多浓缩了一切历史文明精华的黑洞”[③]。李泽厚的基本努力就是在实践哲学之主体—客体的框架下实现人与自然、感性和理性、个体和群体之间的融合。然而，这种付之“审美”的努力是否真的能够实现二元对立概念之间的融合呢？下面从三个方面予以论述。

首先，实践哲学展开的思想视野并没有为“天人合一”提供自足的存在合理性根据。李泽厚看到了工具理性带来的压抑、分裂和异化，但他并没有认识到实践哲学的基本困境，或许认识到了但他至少并不打算走出实践哲学。作为一种生产范式的实践哲学，它展开的视野只有一种认知—工具理性，在这先天单一的视野中，并没有为中国传统的“天人合一”审美思想留出自我论证的关系视野，在工具—认知理性当中开不出情感的花。这又回到了实践美学审美视野扭曲的根本问题上。

---

① 李泽厚：《历史本体论·己卯五说》，生活·读书·新知三联书店2003年版，第108页。

② 李泽厚：《实用理性与乐感文化》，生活·读书·新知三联书店2005年版，第115页。

③ 吴兴明：《实践哲学遮蔽了什么?》，《文艺研究》2007年第8期。

其次，“天人合一”美学思想的论证忽略了这样一个前提：理欲交融的中国传统哲学思想如何在现代知识谱系中得到合理转换和表达？归根结底，这是一个古老的传统/现代、中国/西方的现代性问题。如前所述，中国现代文化的转型是整个知识谱系、知识样态的替换，必定改变我们的思维方式和言述方式。那么，作为融合了感性与理性、个体与社会的中国传统哲学在以文化价值分化为标志的现代知识土壤上还汲取得到培育的营养吗？传统的文化—心理结构如何在现代知识谱系中进行转换和表达就成为一个问题，积淀而来的文化—心理结构将以怎样的方式在现代中国人的思想意识中延续？是否能够延续？这些都是尚需论证的问题。

最后，审美主义救赎论。对于感性/理性、个体/群体、主体/客体等二元对立概念在审美中的融合，正如刘晓波以极端的方式所否定的：“任何将两者统一起来的更高级的第三者都是一种虚假的东西，它只能是变相的某一方的化身”①。李泽厚将理性与感性、群体与个人、历史与自然统一在人类的情感结构、“情本体”、“美学”中，与其说是虚假的，不如说他是对于社会批判理论流派克服现代性危机的审美主义救赎路径的中国式跟随。尽管李泽厚在实践哲学中融入了中国传统哲学精神，将美学提升为本体论，但实际上，他返回中国传统哲学寻求克服现代性危机的路径，与西方马克思主义的努力方向是多么的一致，拯救方案也是何其相似！无论是卢卡奇的无产阶级意识（乌托邦），霍克海默、阿多诺的“美学理论”，通过艺术而产生的“模仿”冲动来打破资产阶级社会的异化，还是马

① 参见余虹《革命·审美·结构》，广西师范大学出版社2001年版，第246页。

尔库塞的“审美之维”，李泽厚将审美推向人的感性生命，他们一致给艺术赋予了审美感性、冲动甚至本体论的力量和神秘色彩，对其寄予了过高的期望。无论是西方马克思主义批判理论还是中国实践美学，他们都在自觉不自觉地为自康德以来的审美主义传统增砖添瓦。

李泽厚一面将马克思“劳动”概念中潜藏至深的审美因素正面直接地赋予实践本身，一面将令人备感亲切的中国传统思想融入审美救世的世界语境中，加上穿透字里行间的人文情怀，使他的实践美学思想成为之后业界模仿的楷模和申发美学理论的源泉。值得注意的是，作为一种高端价值状态，美学在李泽厚实践哲学体系中的真正意义并不止于对认识和伦理的形式沟通，根本在于对“美的本质与人的本质密切相关”之“人”的纵深勾勒。也就是说，李泽厚实践美学的建构，根本用意在于其实践哲学追求的目标——建构主体性以及主体性原则上的社会价值体系。就此意义而言，它也是中国百年美学发展史上审美主义传统上的一环。然而，20 世纪 90 年代中后期，新实践美学以及后实践美学一致地将潜藏在李泽厚实践美学中的审美主义情愫毫无针对性地加以无限放大、延伸，完全抹去了原初生发它的社会价值土壤，并以执着的审美主义歌颂姿态在扭曲的审美视野当中高歌猛进。对于此，无论是幸与不幸，都正是 21 世纪建构中国美学理论规避不掉、必须清理的知识学任务。这也正是本书的宗旨所在。

可贵的是，李泽厚对于科技理性的合理定位和正面评估，对于当下社会思想语境中的非理性泛滥有一定的警醒意义。遗憾的是，他未曾意识到西方马克思主义克服现代性危机力不从心的根本原因，不在于他们提倡的艺术本身缺乏中国传统哲学理欲融合的文化特质，而在于作为生产范式的实践哲学本身。只有走出实践哲学的视野，将实践活动从基础化的状态中解放出来，使它和审美、认知、交往、信仰等活动一同共在于人们的生活当中；将交往理性、道德理性等工具理性之外的所有理性从工具理性的归并中解放出来，使各个活动领域获得规定自身的“度”；将人们从目的与手段的工具关系中解放出来，使主体与主体之间进行平等对话和协商。一句话，只有从主体性走向主体间性，才能从根本上突破实践哲学的基本困境，才能解开实践哲学和一切基础主义的症结，各种活动才能在如其所是的视野中展开。

结语　美学学科视野的归位和展望

在梳理了百年中国现代美学的发展及其学科视野的建构之后，我们不禁要问：中国现代美学应然的学科视野该如何建构？21 世纪的中国现代美学的发展方向是什么？面对“传统美学失效”和“重构美学”的双重问题，虽然重建美学是一个困难而浩大的工程，是一条充满曲折而艰辛的路，尤其是重建中国现代美学，学科视野扭曲加上复杂的社会语境使得重建工作更加纠缠难厘，但它确确实实是近几十年来许许多多的理论家勇敢面对且不遗余力所致力的事业，也是中国学人无可逃避必须肩负的学术使命。

就建构 21 世纪中国现代美学而言，必须认清当下的思想语境和社会语境。就思想语境而言，百年中国现代美学自身的发展，从最初的学科自律，到后来作为“主义”话语场，基本上是被动地与中国的现代性进程同步相随，整体上呈现出复杂的、多变的、骤然的他律态势，美学的自主性往往被隐藏在了“主义”的需要下面。就社会语境而言，正如诸多思想家所反复强调的，中国目前处于前现代、现代和后现代交织、以现代为主导的复杂语境，它既不是西方晚期资本主义文化逻辑中所神往的东方极乐，也不是传统封建文化幽灵主宰的农耕社会，而是处在一个正在快速实现现代化的过渡阶段，总体上是一个在经济上取得巨大飞跃，然而社会制度、法律、法则等社会体制相对滞后尚需完善的现代社会。

正是在这种语境中，我们需要在一定程度上借助后现代思潮对现代性的反思意识和批判精神，来约束、化解、预防人类中心论带来的一系列现代性危机——合法性危机、生态危机、认同危机、虚无主义深渊等，但是，并不能因此变成对现代性的全盘否定。因为，在经济领域，我们永远需要工具理性来推动生产力发展，维持人类生存；在道德领域，我们需要交往理性来规范人人之间的关系，为人的权利、正义提供合法性基础；在审美领域，我们需要审美—表现的理性来廓清中国现代美学审美视野，引导美学学科健康发展。一旦全盘否定现代性之理性，我们将会陷入另一个困境——非理性，这显然是不合时宜的。当下，我们要做的是在坚持现代性立场的基础上，纠偏和预防工具理性、科技理性对其他领域的僭越和遮蔽，让各种活动在如其所是的领域自由展开。这是本书反思实践美学以及后现代性美学话语的思想立场，也正是本书展望21世纪中国美学学科前景的语境前提。

一　美学学科视野的归位

基于现代性的立场建构21世纪的中国现代美学，首先要做的是对美学学科视野进行归位。严格学科意义上的现代美学，在逻辑上首要的便是学科的思想视野问题。据前面分析可知，只有在知、情、意的思想视野划分分明的前提下，各个学科才能获得准确而恰当的学科视野，对于该领域的活动经验才能提供内在规定自身的学理根据和直接显明自身的现象学根据。因而，只有美学学科视野归位，中国的美学才能在如其所是的领域中展开；只有美学学科视野归位，在此基础上才能进一步反思和展望美学学科视野的建构走向。具体而言，针对中国独特的文化传统和现代性的思想历程，美学学科视野的归位，不但要对学科视野进行归位，而且还要厘定它和权利哲学等的关联。

首先，让美学回到审美领域。在这里，要求美学学科视野进行归位，并不意味着要回到中国现代美学初创期某个美学家的理论那里，或者说是回到康德美学，因为无论是初创期自律论的中国现代美学还是西方现代美学，都不可避免地携带一定的时代性因素和理论局限性，而且生发它们的现实土壤早已时过境迁。此处是就一般的现代知识体系而言，归正中国现代美学的学科视野，需要恢复现代美学所依据的思想视野，对审美经验、艺术、文学等的分析通通纳入审美视野中。我们知道，审美视野形成的关键在于将审美活动从认知活动、伦理活动中区分开来。这里，不但要做此区分，重要的是要将审美活动与“实践活动”区分开来。确切地说，是要突破“劳动实践”的基础化归并，打破实践的本体化逻辑，将“实践”身上附加的乌托邦卸下来，回归到原初的“实践”概念本身，从根本上将物质生产的“实践”限定在它本身的认知视野当中，把被实践的主客认知视野所归并的其他关系视野释放出来。就审美活动而言，则意味着脱离认知领域，让关于美的本质、美感经验、美感范畴等所有有关审美活动的分析展开摆脱主—客认知的关系框架，回到审美—表现的关系视野中，回归到获得内在规定自我依据的审美领域，获得与实践活动平等、独立的类型身份，在与认识、实践领域的对比中，考察审美活动自身内部的规约，在此基础上研究审美对象、研究方法等，将审美自身置于元范畴和出发点的位置，把审美关系或审美境界作为美学的轴心，作为美学话语系统的中心词和关键词，才能正本清源、纲举目张，重建科学的现代审美理论范畴体系。

其次，厘定美学与权利哲学的关系。在限定“实践”领域，恢复知、情、意思想视野三分的基础上，要使美学学科视野回归，还必须澄清它和权利哲学之间的关系。作为中国的文化传统，文化经常作为权利哲学的附庸而存在，历史中发生的文化运动也常常与所谓的权利要求密不可分。中国近百年文化领域的革命主义传统，甚至审美主义传统都与权利哲学具有姻亲关系。在文学艺术领域，“文艺为政治服务”的文学工具论，批判现实主义、革命现实主义文学、革命浪漫主义文学等流派，则是对政治、革命的直接附属，而创造社所谓的文学自主论、人道主义思潮和“美学热”等在一定程度上偏离了自己的领地，要求扩散到非审美领域，从而在反向上和革命主义传统一道成为中国思想的“主义”话语。根据前面的分析可知，李泽厚的实践美学思想，实际上是对权利哲学的探讨，但他在特殊的思想语境中，只能通过审美价值来表述他的权利哲学，在这里，李泽厚将权利变成了一种审美价值。显然，这种将美学与权利价值直接对等的做法，与康德、席勒等从美学角度对于权利问题的探讨是不一样的。因而，要回归美学学科视野，还必须厘定它与权利哲学的关联。

马克思的意识形态批判理论为这一步骤的实现提供了恰切的方法论。意识形态论认为，所有理论观点须看作特定时代的特定产物，它本身携带着一定阶级或社会集团的利益性质，意识形态批判所做的就是要剥除理论观点上所附加的理论自主性之外的功利性因素，还理论自身以自主性。值得注意的是，应该限定意识形态批判理论运用的领域及其限度，谨防意识形态批判的失度和僭越带来负面的作用。①

审美视野归位后的中国现代美学，获得了价值自足的理论依据，在此基础上进一步剥离附着在审美话语上的权利诉求之后，美学才能真正拥有独立自主性。由此，审美活动才是无功利性的，内在地依据审美活动自身反思“感性认识的完满”，感性、直观性、无功利性是它正当的、不能被撼动的活动特征和价值标准；在审美视野中的文学、艺术，不再是作为现实的反映，作为社会功利的代言，而仅为文学艺术自身的目的而存在，由他律走向自律。只有在审美价值自足的学理基础上，才能真正在严格学理上“跨”出去，探讨跨文化、跨学科之间的文化研究、文化产业研究以及多元融合的日常生活美学，才能产生良性的知识积累和学科发展。

① 在哈贝马斯看来，意识形态批判容易上升为一种总体性的批判，这样意识形态批判依据的理论标准变得不再牢固，也成为批判反思的对象，这样就卷入了无限的反思和批判当中，最后陷入怀疑主义中。可参见哈贝马斯《现代性的哲学话语》第五章。关于意识形态批判在中国思想领域的失度和僭越的反思，可参见吴兴明《意识形态批判的限度及其颠覆性——对意识形态理论负面作用的一种分析》一文（《江西社会科学》2007 年第 7 期）。

二　展望21世纪的中国美学

随着后现代性对现代性的挑战与解构，人文学科也在相应地转向后现代思想语境寻求自身的发展空间，在哲学基础、理论范式、方法论基础等方面做出了适时的调整。在美学领域，解构主义美学、阐释学美学、分析哲学美学等诸多后现代美学话语兴起，美学理论呈现出多元化、全球化的特征，而且这种转向的痕迹不断浮现在重量级学术人物的理论当中。随着消费社会的莅临和消费主义在社会价值系统中的全方位推进，美学面临着话语失效和重构的时代命运。就建构21世纪的中国美学而言，要做的是在视野归位的基础上，依据"解分化"的社会现实对美学进行切近人们现实体验感的合理更新。下面从四个角度予以论述。

首先，来看"解分化"的社会现实。随着消费社会的推进，在日常生活中，人们不再简单地满足于基本的生活需求，而是要求日常生活中具有诗情画意，具有美感，具有文化气息，需要功利与审美的多维融合；在大众文化领域，人们虽然仍对传统文化保有兴趣，但融合了多种时尚元素、多种媒介的新型文化样式轮番坐庄；在新潮的网络领域，随着网络的普及和电子终端的完善，以"微"著称的新生事物——微博、微小说、微电影等，显示了强大的商业价值、艺术生命力和精神号召力，以及新时代的诸种"匪夷所思"的重大文化现象，等等。这大量的审美泛化在现实上印证着一种时代趋势，即消费社会降临后现实社会各个领域凸显出学科之间的融合态势，

"人类自现代性分化以来多维度乃至全方位的系统性变更和现实重组"①。

这种现实在思想界被称为"解分化"（dedifferentiation）。所谓解分化，就是指"现代性分裂经由生产—消费的途径向生活世界返回"，"是一个逆现代性分化而行的反向集结进程"②。以波德利亚的理论表述为例。简单来讲，生产—消费领域的解分化表现有二：一，主客体分野的取消。传统消费模式是，消费主体将需求客观化，解分化则表现为这一客观化反过来成为左右主体需求的支配性力量，进而逆转为主体；二，商品不再按照传统的功能需求而分类，现在则根据意义编码分类，只有在一个完整的意义链中才能显现自身的价值。这意味着消费对象不再是物的实际功能，而是人与人的关系。

其次，传统美学的失效。一方面是传统美学更多地停留在无功利化的自由王国而无视全球日益普遍审美化浪潮的席卷，另一方面是功利化商品美学长时段统治消费社会的逻辑统摄。理论与现实的脱节、范式上的错位，给美学领域带来的最大影响就是传统美学的失效和重构美学的新时代任务。从理论上来讲，解分化的现实结构，导致基于现代性分野的知识结构的失效。由于消费活动中纯粹的审美活动日渐萎缩，更多地融入了日常生活当中，从而基于文化价值领域分化的传统美学理论不再具有现实针对性。面对多元化的文化现象和文化思潮，传统知识理论越来越无法做出切中肯綮的现象解读，理论自身丧失了历史合理性。近年流行

① 吴兴明：《重建生产的美学》，《文艺研究》2011 年第 11 期。

② 吴兴明：《重建生产的美学》，《文艺研究》2011 年第 11 期。

于理论界的文化研究、日常生活审美化、文化的超越性等新的“溢出性”理论观点和研究动向，再次印证了后现代社会的解分化现实和在此基础上“传统美学失效”这一结论，并提出重建美学的时代命题。

再次，重构美学的路径和症结。值得注意的是，美学学科视野的解体并不意味着美学的终结，而是意味着在新的时代条件下的重组。问题是如何重构？与阿多诺、马尔库塞等西方马克思主义诸君以及后现代思想家们对于资本主义文化的一贯批判和给予的审美救赎论不同，韦尔施直面后现代解分化社会现实中的审美泛化，正面、系统地完成了“重构美学”这一思想历史使命。在名著《重构美学》中，韦尔施分析认为，传统学科所划定的界限并不是一定不可逾越的，相反它们总是有所关联的，“理性的不同类型不可能滴水不漏地彼此限定，而是在其核心部分表现出纠缠不清和相互转换的状态，从根本上瓦解着传统的分类”①。由此，韦尔施提出构建“跨学科”美学。显然，韦尔施的方向是对的，但方法值得商榷。因为，当社会发生“解分化”的时候，学科得以成立的文化价值领域分化的基础和审美自律都不复存在，那么，“跨学科”在“解分化”的社会现实中又如何可能呢？

从根本上来讲，韦尔施重构“跨学科”美学的不合理之处，仍在于它与社会现实的背离。重建美学，还必须回到滋生它的解分化现实语境。消费时代的来临，不单单表示物质丰裕、商品繁多的物质生产的极度发达，更表现为生产本位主义向消费本位主义的让渡

① ［德］沃尔冈夫·韦尔施：《重构美学》，陆扬、张岩冰译，上海译文出版社2006年版，第114页。

和随之而来的消费理念的变更。面对琳琅满目的商品，人们不再仅仅满足于基本的物质需求，不再满足于商品单纯的功能化需求，而是提出了更高的审美需求和意义诉求。使商品附带意义的符号性消费逻辑，最终导致商业生产与文化艺术的联姻，并引发文化向基础领域进军的新历史进程。文化向生产领域进军，意味着这个世界“不可能再把经济或生产领域同意识形态或文化领域分开来，因为各种文化人工制成品、形象、表征甚至感情和心理结构已经成为经济世界的一部分”①。物质生产不再是单纯的物质生产，同时也是文化生产，反之亦然。物质与文化、通俗与高雅、大众与精英、经济与意识在这里得到了和解，融为一体。

文化向生产领域进军的社会现实，既否定了波德利亚对于消费社会的无情批判，质疑了自西方马克思主义以来的传统社会批判理论的有效针对性，也从学理上重新要求对韦尔施的正面建构做出再思考。吴兴明先生将诸种重构美学的症结归结为他们在思想视野上存有共同的盲点——“对现代社会消费的交往界面视而不见”②。从意识哲学范式转向交往哲学范式，它不仅仅是对工具理性的扩展和原初理性的恢复，更是一种在整体上的思想视野的变更。此一视野的变更，在整体上，首先要求对在韦伯合理化理论以及追随他而来的物化批判、工具理性批判、技术理性批判等对资本主义社会的诊断和批判，进行批判性地继承和反思；在文化价值领域，从根本上要求对基于现代性分化而来的文化价值领域在交往关系界

① ［英］约翰·斯道雷：《文化理论与通俗文化导论》，杨竹山等译，南京大学出版社2001年版，第255页。

② 吴兴明：《重建生产的美学》，《文艺研究》2011年第11期。

面上进行重新确认和定位。从主体论向交往论的转换，为我们重建美学的思想视野提供了参照。

最后，“重建生产的美学”。那么，美学到底该如何重构呢？中国现代美学面对实践哲学的诸种困境，它的出路又何在？笔者同意吴兴明先生提出的生产美学的理论命题，即在后现代解分化的现实基础上通过设计、文化产业等环节实现美学对生活世界的回归。这是重振美学生机的一条重要道路，是在规避实践美学和后实践美学弊端基础上对美学视野的一次更新。第一，生产美学的哲学基础是交往范式的主体间性哲学。在交往行为中产生的交往理性，打破了意识哲学单一的理性合理化模式，被后现代思想家所描画的虚无化、荒漠化的当代世界，从交往理性来看则是在规范的社会体制的语境中，以“高度专业性分化为手段来重返生活整体性的新感性世界”①。第二，生产美学作为建构“新感性世界”的途径。当今消费社会的生产逻辑摆脱了工具理性的操控，代之以交往理性的逻辑，在体制规定、行为类型、活动模式等各个环节和流通中体现出的自由、平等、约束等原则，以及借由商品的现代设计将体现出自由、交往的社会理念等，使消费活动成为“实现生活世界合理化要求向诸专门领域输送动力并从根本上制约亚系统异化的本源力量”②。第三，生产美学不同于技术美学、实践美学，它是一种崭新的美学理论。它立足于生活世界和交往理性，通过超验的现代设计理念，通过文化设计而来的实物来实现人与自然、人与人、人与自我之间的对象化关系向相互制约、

① 吴兴明：《重建生产的美学》，《文艺研究》2011年第11期。
② 吴兴明：《重建生产的美学》，《文艺研究》2011年第11期。

平等的交往关系转化，从而带动社会生活领域进入良性自我循环。

总的来看，生产美学为我们发展21世纪中国美学提供了一种相对合理的理论模式和学术前景。然而，解构往往是相对容易的，建构却总是相对困难的。重建生产美学毕竟是一项艰巨而浩大的工程，我们需要走的路还很长。

参考文献

一 李泽厚著作

李泽厚:《门外集》，长江文艺出版社 1957 年版。

李泽厚:《康有为谭嗣同思想研究》，上海人民出版社 1958 年版。

李泽厚:《中国近代思想史论》，人民出版社 1979 年版。

李泽厚:《批判哲学的批判——康德述评》，人民出版社 1979 年版。

李泽厚:《美学论集》，上海文艺出版社 1980 年版。

李泽厚:《美的历程》，文物出版社 1981 年版。

李泽厚、刘纲纪:《中国美学史》，中国社会科学出版社 1984 年版。

李泽厚、刘纲纪:《中国美学史》（上下），中国社会科学出版社 1987 年版。

李泽厚:《李泽厚哲学美学文选》，湖南人民出版社 1985 年版。

李泽厚:《中国古代思想史论》，人民出版社 1985 年版。

李泽厚:《走我自己的路》，生活 · 读书 · 新知三联书店 1986 年版。

李泽厚:《中国现代思想史论》,东方出版社 1957 年版。

李泽厚:《华夏美学》,新加坡东亚哲学研究所 1987 年版。

李泽厚:《马克思主义在中国》,生活·读书·新知三联书店 1988 年版。

李泽厚:《美学四讲》,生活·读书·新知三联书店 1989 年版。

李泽厚:《李泽厚十年文集(1979—1989)》(1—4 卷),安徽文艺出版社 1994 年版。

李泽厚、刘再复:《告别革命》,香港天地出版公司 1996 年版。

李泽厚:《论语今读》,安徽文艺出版社 1998 年版。

李泽厚:《世纪新梦》,安徽文艺出版社 1998 年版。

李泽厚:《李泽厚学术文化随笔》,中国青年出版社 1995 年版。

李泽厚:《李泽厚哲学文存》,安徽文艺出版社 1999 年版。

李泽厚:《己卯五说》,中国电影出版社 1999 年版。

李泽厚、陈明:《浮生论学》,华夏出版社 2002 年版。

李泽厚:《历史本体论》,生活·读书·新知三联书店 2002 年版。

李泽厚:《实用理性与乐感文化》,生活·读书·新知三联书店 2005 年版。

李泽厚:《李泽厚近年答问录》,天津社会科学院出版社 2006 年版。

李泽厚:《人类学历史本体论》,天津社会科学院出版社 2008 年版。

李泽厚:《李泽厚集》(1—10),生活·读书·新知三联书店 2008—2009 年版。

李泽厚:《伦理学纲要》,人民日报出版社 2010 年版。

李泽厚:《走我自己的路——杂著集》，中国盲文出版社 2004 年版。

李泽厚:《走我自己的路——对谈集》，中国盲文出版社 2004 年版。

李泽厚:《伦理学纲要》，人民日报出版社 2010 年版。

李泽厚:《哲学纲要》，北京大学出版社 2011 年版。

李泽厚、刘绪源:《该中国哲学登场了?》，上海译文出版社 2011 年版。

李泽厚、刘绪源:《中国哲学如何登场?》，上海译文出版社 2012 年版。

李泽厚:《回应桑德尔及其它》，生活·读书·新知三联书店 2014 年版。

李泽厚:《李泽厚对话集》(共 7 册)，中华书局 2014 年版。

李泽厚:《由巫到礼 释礼归仁》，生活·读书·新知三联书店 2015 年版。

李泽厚:《伦理学纲要续篇》，生活·读书·新知三联书店 2017 年版。

李泽厚:《伦理学新说述要》，世界图书出版公司北京分公司 2019 年版。

李泽厚:《伦理学新说》，人民文学出版社 2021 年版。

二 相关著作

蔡仪:《唯心主义美学批判集》，人民文学出版社 1958 年版。

蔡仪:《蔡仪美学论文选》，湖南人民出版社 1982 年版。

蔡仪:《美学论著初编》(上下),上海文艺出版社 1982 年版。

蔡仪:《美学原理》,湖南人民出版社 1985 年版。

蔡仪:《新美学》(改写本)(1—3 卷),中国社会科学出版社 1983 年版、1988 年版、1995 年版。

陈望衡:《20 世纪中国美学本体论问题》,湖南教育出版社 2001 年版。

陈望衡:《20 世纪中国美学本体论问题》,武汉大学出版社 2007 年版。

戴阿宝、李世涛:《问题与立场——20 世纪中国美学论争辩》,首都师范大学出版社 2006 年版。

邓晓芒、易中天:《黄与蓝的交响:中西美学比较论》,人民文学出版社 1999 年版。

鄂霞:《中国近代美学范畴的源流与体系研究》,商务印书馆 2019 年版。

封孝伦:《二十世纪中国美学》,东北师范大学出版社 1998 年版。

甘阳主编:《八十年代文化意识》,上海人民出版社 2006 年版。

高尔太:《论美》,甘肃人民出版社 1982 年版。

高尔泰:《美是自由的象征》,人民文学出版社 1986 年版。

郭绍虞主编:《中国历代文论选》(一卷本),上海古籍出版社 2001 年版。

何桂梅:《"新启蒙"知识档案》,北京大学出版社 2010 年版。

黄学勇编著:《实践美学的困境与出路研究》,苏州大学出版社 2013 年版。

蒋孔阳:《蒋孔阳全集》,安徽文艺出版社 1999 年版。

蒋孔阳:《美学新论》，人民文学出版社 2006 年版。

金雅主编:《中国现代美学名家·蔡元培卷》，浙江大学出版社 2009 年版。

刘纲纪:《哲学与美学》，湖北人民出版社 1986 年版。

刘纲纪:《美学与哲学》，武汉大学出版社 2006 年版。

刘纲纪:《艺术哲学》，武汉大学出版社 2006 年版。

刘士林:《先验批判》，上海三联书店 2001 年版。

刘叔成、夏之放、娄昔勇:《美学基本原理》，上海人民出版社 1987 年版。

刘晓波:《选择的批判——与李泽厚对话》，风云时代出版社 1989 年版。

刘小枫:《诗化哲学》，山东文艺出版社 1986 年版。

刘小枫:《人类困境中的审美精神》，东方出版中心 1994 年版。

刘小枫:《现代性社会理论绪论》，上海三联书店 1998 年版。

刘再复:《李泽厚美学概论》，生活·读书·新知三联书店 2009 年版。

吕荧:《美学书怀》，作家出版社 1959 年版。

马驰:《艰难的革命——马克思主义美学在中国》，首都师范大学出版社 2006 年版。

马奇主编:《西方美学史资料选编》(上下)，上海人民出版社 1987 年版。

马群林编撰:《与李泽厚的虚拟对话》，南京大学出版社 2022 年版。

毛泽东:《实践论》，人民出版社 1975 年版。

毛泽东:《在延安文艺座谈会上的讲话》,人民出版社 1975 年版。

牟方磊:《李泽厚情本体论研究》,知识产权出版社 2019 年版。

聂振斌:《中国近代美学思想史》,中国社会科学出版社 1991 年版。

潘知常:《生命美学》,河南人民出版社 1991 年版。

潘知常:《诗与思的对话》,上海三联书店 1997 年版。

潘知常:《生命美学论稿》,郑州大学出版社 2002 年版。

彭锋:《引进与变异——西方美学在中国》,首都师范大学出版社 2006 年版。

彭富春:《哲学美学导论》,人民出版社 2005 年版。

汝盛、王德胜:《美学的历史——20 世纪中国美学学术进程》,安徽教育出版社 2000 年版。

四川省社会科学院文学研究所编:《中国当代美学论文选》(1—3 册),重庆出版社 1985 年版。

宋妍:《李泽厚美学思想与中国三次美学论争》,厦门大学出版社 2015 年版。

王朝闻主编:《美学概论》,人民出版社 1981 年版。

王耕:《李泽厚历史本体论研究》,河北大学出版社 2020 年版。

王国维:《王国维文集》(四卷本),中国文史出版社 1997 年版。

王宏超:《美学的发明:中国现代美学的学科制度与知识谱系》,复旦大学出版社 2022 年版。

汪晖:《死火重温》,人民文学出版社 2000 年版。

汪济生:《实践美学观解构》,上海人民出版社 2004 年版。

汪济生:《实践美学观解构——评李泽厚的〈美学四讲〉》，上海人民出版社 2007 年版。

王生平:《李泽厚美学思想研究》，辽宁人民出版社 1987 年版。

文艺报编辑部编:《美学问题讨论集》第 1 集、第 2 集，作家出版社 1957 年版。

文艺报编辑部编:《美学问题讨论集》第 3 集、第 4 集，作家出版社 1959 年版。

王一川:《意义的瞬间生成》，山东文艺出版社 1988 年版。

王一川:《审美体验论》，百花文艺出版社 1992 年版。

伍蠡甫主编:《现代西方文论选》，上海译文出版社 1983 年版。

吴兴明:《谋智、圣智、知智——谋略与中国文化形态》，上海三联书店 1993 年版。

吴兴明《中国传统文论的知识谱系》，巴蜀书社 2001 年版。

吴兴明等:《比较研究：诗意论与诗言意义论》，北京大学出版社 2013 年版。

吴兴明:《设计哲学论》，上海人民出版社 2021 年版。

夏中义:《新潮学案》，上海三联书店 1996 年版。

新建设编辑部编:《美学问题讨论集》第 5 集、第 6 集，作家出版社 1962 年版、1964 年版。

徐碧辉:《实践中的美学》，学苑出版社 2005 年版。

薛富兴:《分化与突围——中国美学 1949—2000》，首都师范大学出版社 2006 年版。

《学术月刊》编辑部:《实践美学与后实践美学：中国第三次美学论争论文集》（上下），上海三联书店 2019 年版。

阎国忠：《走出古典——中国当代美学论争述评》，安徽教育出版社 1996 年版。

杨斌：《李泽厚学术年谱》，复旦大学出版社 2016 年版。

杨斌：《思路：李泽厚学术年谱》，广西师范大学出版社 2021 年版。

杨斌：《李泽厚刘纲纪美学通信》，浙江古籍出版社 2021 年版。

杨春时：《生存与超越》，广西师范大学出版社 1998 年版。

杨春时：《走向后实践美学》，安徽教育出版社 2008 年版。

杨存昌：《中国美学三十年》（上下），济南出版社 2010 年版。

尤西林：《阐释并守护世界意义的人》，河南人民出版社 1996 年版。

尤西林：《人文科学导论》，高等教育出版社 2001 年版。

尤西林：《人文精神与现代性》，陕西人民出版社 2006 年版。

余虹：《中国文论与西方诗学》，生活·读书·新知三联书店 1999 年版。

余虹：《革命·审美·解构》，广西师范大学出版社 2001 年版。

章辉：《实践美学：历史谱系与理论终结》，北京大学出版社 2006 年版。

章启群：《百年中国美学史略》，北京大学出版社 2005 年版。

张弓：《历史视野中的实践美学》，法律出版社 2009 年版。

张弘：《临界的对垒》，吉林人民出版社 2000 年版。

张江南、王惠：《网络时代的美学》，上海三联书店 2006 年版。

张汝伦：《历史与实践》，上海人民出版社 1995 年版。

张硕：《走向李泽厚“本体论”实践美学》，上海交通大学 2021

年版。

张玉能:《新实践美学论》，人民出版社 2007 年版。

张志扬:《渎神的节日》，上海三联书店 1997 年版。

赵士林:《当代中国美学研究概述》，天津教育出版社 1988 年版。

赵士林:《李泽厚美学》，北京大学出版社 2012 年版。

赵士林主编:《李泽厚美学思想评析》，上海译文出版社 2012 年版。

祁志祥:《乐感美学》，北京大学出版社 2016 年版。

中国社会科学院哲学研究所美学研究室编:《美学译文》(1—3 册)，中国社会科学出版社 1980 年版、1982 年版、1984 年版。

周来祥:《论美是和谐》，贵州人民出版社 1984 年版。

周来祥:《古代的美 近代的美 现代的美》，东北师范大学出版社 1996 年版。

祝东力:《精神之旅——新时期以来的美学与知识分子》，中国广播电视出版社 1998 年版。

朱光潜:《朱光潜全集》(1—10 卷)，安徽教育出版社 1988 年版。

朱立元:《美学与实践》，广西师范大学出版社 1999 年版。

朱立元主编:《美学》，高等教育出版社 2007 年修订版。

宗白华:《美学散步》，上海人民出版社 1981 年版。

三　译著

[波] 瓦迪斯瓦夫 · 塔塔尔凯维奇:《西方六大美学观念史》，刘文潭译，上海译文出版社 2006 年版。

[波] 沃拉德斯拉维 · 塔塔科维兹:《古代美学》，杨力、耿幼

壮等译，中国社会科学出版社 1990 年版。

［德］鲍姆嘉登：《美学》，简明、王旭晓译，文化艺术出版社 1987 年版。

［德］恩斯特·卡西尔：《人论》，甘阳译，上海译文出版社 2003 年版。

［德］格罗塞：《艺术的起源》，蔡慕晖译，商务印书馆 1984 年版。

［德］海德格尔：《存在与时间》，陈嘉映、王节庆译，生活·读书·新知三联书店 1987 年版。

［德］黑格尔：《美学》（1—3 卷），朱光潜译，商务印书馆 1979 年版。

［德］黑格尔：《小逻辑》，贺麟译，商务印书馆 1980 年版。

［德］胡塞尔：《第一哲学》，王炳文译，商务印书馆 2010 年版。

［德］霍克海默、阿多诺：《启蒙辩证法》，渠敬东等译，上海人民出版社 2006 年版。

［德］伽达默尔、杜特：《解释学 美学 实践哲学 伽达默尔与杜特对谈录》，金惠敏译，商务印书馆 2007 年版。

［德］卡西勒：《启蒙哲学》，顾伟铭等译，山东人民出版社 1988 年版。

［德］康德：《判断力批判》，邓晓芒译，人民出版社 2002 年版。

［德］莱辛：《拉奥孔》，朱光潜译，人民文学出版社 1979 年版。

［德］马克思：《1844 年经济学—哲学手稿》，刘丕坤译，人民

出版社 1985 年版。

［德］马克斯·韦伯：《新教伦理与资本主义精神》，于晓等译，生活·读书·新知三联书店 1987 年版。

［德］孙周兴选编：《海德格尔选集》，生活·读书·新知三联书店 1996 年版。

［德］W. 韦尔施：《重构美学》，陆扬、张岩冰译，上海译文出版社 2006 年版。

［德］席勒：《审美教育书简》，冯至、范大灿译，北京大学出版社 1985 年版。

［德］于尔根·哈贝马斯：《现代性的哲学话语》，曹卫东等译，译林出版社 2004 年版。

［德］于尔根·哈贝马斯：《后形而上学思想》，曹卫东等译，译林出版社 2001 年版。

［德］哈贝马斯：《在事实与规范之间》（修订译本），童世骏译，生活·读书·新知三联书店 2003 年版。

［德］尤尔根·哈贝马斯：《交往行为理论》（第一卷），曹卫东译，上海人民出版社 2004 年版。

［俄］车尔尼雪夫斯基：《车尔尼雪夫斯基选集》，生活·读书·新知三联书店 1958 年版。

［法］利奥塔：《后现代性与公正游戏——利奥塔访谈录》，上海人民出版社 1997 年版。

［古希腊］柏拉图：《柏拉图文艺对话集》，朱光潜译，人民文学出版社 1959 年版。

［古希腊］柏拉图：《理想国》，郭斌和译，商务印书馆 1986

年版。

［古希腊］亚里斯多德、［古罗马］贺拉斯：《诗学》，罗念生、杨周翰译，人民文学出版社 1962 年版。

［古希腊］亚里士多德：《尼各马可伦理学》，廖申白译，商务印书馆 2003 年版。

［美］阿多诺：《美学理论》，王柯平译，四川人民出版社 1998 年版。

［美］杜威：《艺术即经验》，高建平译，商务印书馆 2005 年版。

［美］弗雷德里克·杰姆逊：《后现代主义与文化理论：弗·杰姆逊教授讲演录》，唐小兵译，陕西师范大学出版社 1987 年版。

［美］弗雷德里克·詹明信：《晚期资本主义文化逻辑》，陈清桥译，生活·读书·新知三联书店 1997 年版。

［美］赫伯特·马尔库塞：《审美之维》，李小兵译，广西师范大学出版社 2001 年版。

［美］吉尔伯特、库恩：《美学史》（上下），夏乾丰译，上海译文出版社 1989 年版。

［美］M. H. 艾布拉姆斯：《镜与灯》，郦稚牛等译，北京大学出版社 2004 年版。

［美］马泰·卡林内斯库：《现代性的五福面孔》，顾爱彬、李瑞华译，商务印书馆 2002 年版。

［美］梯利：《西方哲学史》，葛力译，商务印书馆 1995 年版。

［美］约翰·罗尔斯：《正义论》，何怀宏译，中国社会科学出版社 2001 年版。

［匈］卢卡奇：《历史与阶级意识》，杜章智等译，商务印书馆

2009年版。

［意］克罗齐：《美学原理·美学纲要》，朱光潜译，外国文学出版社1983年版。

［英］鲍桑葵：《美学史》，张今译，商务印书馆1997年版。

［英］特里·伊格尔顿：《审美意识形态》，王杰、傅德根等译，广西师范大学出版社2001年版。

［英］以赛亚·柏林：《浪漫主义的根源》，吕梁译，译林出版社2008年版。

四　期刊论文

（一）学位论文

陈全黎：《现代性的美学话语：批判理论与实践美学》，博士学位论文，华中师范大学，2007年。

梁光焰：《回到美自身的领域——对当代中国美学的反思》，博士学位论文，西南大学，2011年。

刘广新：《李泽厚美学思想述评》，博士学位论文，浙江大学，2006年。

刘泽民：《试论实践存在论的美学思考方式》，博士学位论文，复旦大学，2004年。

罗绂文：《李泽厚“情本体”思想研究》，博士学位论文，西南大学，2011年。

钱善刚：《本体之思与人的存在——李泽厚哲学思想研究》，博士学位论文，华东师范大学，2006年。

史磊：《新中国美学课研究（1949—1965）》，博士学位论文，东北师范大学，2013 年。

吴时红：《实践论美学在中国》，博士学位论文，浙江大学，2011 年。

张弓：《历史视野中的实践美学》，博士学位论文，复旦大学，2007 年。

赵景阳：《中国道路的探寻与个体自由的确证》，博士学位论文，苏州大学，2015 年。

朱寿兴：《美学的实践、生命与存在——中国当代美学存在形态问题研究》，博士学位论文，四川大学，2004 年。

（二）期刊论文

曹顺庆、吴兴明：《中国传统诗学的“异质性”概说》，《三峡大学学报》（人文社会科学版）2001 年第 3 期。

曹顺庆、吴兴明：《正在消失的乌托邦》，《文学评论》2003 年第 3 期。

陈望衡：《李泽厚实践美学述评》，《学术月刊》2001 年第 3 期。

邓晓芒：《关于美和艺术的本质的现象学思考》，《哲学研究》1986 年第 8 期。

邓晓芒：《什么是新实践美学》，《学术月刊》2002 年第 10 期。

丁耘：《启蒙主体性与三十年思想史——以李泽厚为中心》，《读书》2008 年第 11 期。

范永康：《从“先验论”到“实践论”：李泽厚对康德美学方法论的变革及其缺失》，《中州学刊》2020 年第 11 期。

范永康：《当代中国马克思主义美学对康德美学的借鉴、批判与超越》,《文学评论》2021 年第 1 期。

干春松:《李泽厚与“改革的马克思主义”》,《文化纵横》2011 年第 12 期。

高尔泰:《美的追求与人的解放》,《当代文艺思潮》1983 年第 5 期。

高尔泰:《美感与快感》,《文艺研究》1988 年第 4 期。

韩小龙:《李泽厚美学思想研究文献综述》,《绵阳师范学院学报》2010 年第 3 期。

韩小龙:《李泽厚美学研究五十年》,《长安大学学报》(社会科学版)2009 年第 4 期。

蒋孔阳:《美感诞生》,《文艺研究》1987 年第 6 期。

蒋孔阳:《美感的生理基础》,《学术月刊》1988 年第 10 期。

蒋孔阳:《美感的心理功能》,《学术月刊》1989 年第 6 期。

李丕显:《实践美学的哲学基础和理论逻辑》,《学术月刊》1999 年第 8 期。

李世涛:《后实践美学与实践美学的批评与反批评》,《甘肃社会科学》2005 年第 3 期。

李占伟:《康德美学在中国三十年》,《河南社会科学》2011 年第 1 期。

刘纲纪:《马克思主义实践观与当代美学问题》,《光明日报》1998 年 10 月 23 日。

刘悦笛:《实践美学与美学来源的真正钥匙——新发现的李泽厚〈六十年代残稿〉初步研究》,《文艺争鸣》2017 年第 5 期。

刘悦笛:《以“有人美学”建中国美学学派》,《文艺争鸣》2019 年第 12 期。

刘悦笛:《“宗教之外”的李泽厚与“宗教之后”的罗尔斯》,《读书》2021年第6期。

刘再复:《论文学的主体性》,《文学评论》1985年第6期。

刘再复:《论文学的主体性(续)》,《文学评论》1986年第1期。

聂振斌:《百年中国美学六题》,《文艺研究》2002年第1期。

潘知常:《美学的重建》,《学术月刊》1995年第8期。

潘知常:《论美感的超功利性》,《南京大学学报》(哲学人文社会科学版)1996年第3期。

潘知常:《实践美学的美学困局——就教于李泽厚先生》,《文艺争鸣》2019年第3期。

潘知常:《生命美学是“无人美学”吗?——回应李泽厚先生的质疑》,《东南学术》2020年第1期。

潘知常:《再说实践问题的美学困局——再就教于李泽厚先生》,《文艺争鸣》2021年第3期。

彭富春:《“后实践美学”质疑》,《哲学探讨》2000年第7期。

钱中文:《三十年间》,《文学评论》2009年第4期。

汝信:《人道主义就是修正主义吗?——对人道主义的再认识》,《人民日报》1980年8月15日。

汤学智:《关于主体性问题的几点看法》,《当代文艺探索》1986年第4期。

汪济生:《“美感矛盾二重性”的科学解构——评李泽厚实践美学的“美感矛盾二重性说”》,《上海交通大学学报》(哲学社会科学版)2006年第6期。

王若水：《为人道主义辩护》，《文汇报》1983 年 1 月 17 日。

王岳川：《走出后现代思潮》，《中国社会科学》1995 年第 1 期。

吴兴明：《中国传统文论的“概念质地”》，《文学评论》2000 年第 11 期。

吴兴明：《人文研究的知识学之路》，《西南民族学院学报》（哲学社会科学版）2001 年第 1 期。

吴兴明：《美学批判：一条需要置疑的思想之路》，《江汉论坛》2002 年第 4 期。

吴兴明：《美学的扩张：作为社会理论的审美主义》，《三峡大学学报》（人文社会科学版）2006 年第 9 期。

吴兴明：《美学如何成为一种社会批判?》，《文艺研究》2006 年第 12 期。

吴兴明：《实践哲学遮蔽了什么?》，《文艺研究》2007 年第 2 期。

吴兴明：《意识形态批判的限度及其颠覆性》，《江西社会科学》2007 年第 7 期。

吴兴明：《文艺研究如何走向主体间性?》，《文艺研究》2009 年第 1 期。

吴兴明《海德格尔将我们引向何方》，《文艺研究》2010 年第 5 期。

吴兴明：《重建生产的美学》，《文艺研究》2011 年第 11 期。

吴兴明：《论解分化作为艺术研究的思想视野——对重建艺术研究思想背景的一个简要考察》，《中外文化与文论》2014 年第 2 期。

吴兴明：《视野分析：建立以文学为本位的意义论》，《文艺研究》2015 年第 1 期。

吴兴明：《直面解分化或文化向基础领域的进入——简论马克思主义美学规范性转型的思想视野》，《文化研究》2017 年第 1 期。

薛富兴：《李泽厚后期实践美学的内在矛盾》，《求是学刊》2003 年第 2 期。

薛富兴：《李泽厚后期实践美学的基本理路》，《广西师范大学学报》（哲学社会科学版）2004 年第 1 期。

阎国忠：《何谓美学？——100 年来中国学者的追问》，《郑州大学学报》（哲学社会科学版）2001 年第 6 期。

阎国忠：《给实践美学提十个问题》，《吉首大学学报》（社会科学版）2005 年第 4 期。

阎国忠：《实践美学的经典文本》，《文艺研究》2005 年第 11 期。

杨春时：《走向后实践美学》，《学术月刊》1994 年第 5 期。

杨春时：《实践乌托邦批判——兼与邓晓芒先生商榷》，《学术月刊》2004 年第 3 期。

杨春时：《应该建立什么样的“有人美学”——与李泽厚先生商榷》，《东南学术》2020 年第 1 期。

叶朗：《从朱光潜“接着讲”——纪念朱光潜、宗白华诞辰一百周年》，《北京大学学报》（哲学社会科学版）1997 年第 5 期。

易中天：《走向后实践美学还是新实践美学》，《学术月刊》2002 年第 1 期。

尤西林：《审美的无限境界及其人类学本体论内涵》，《哲学动态》1988 年第 4 期。

尤西林：《审美共同感的社会认同功能》，《文学评论》2004 年第 3 期。

尤西林：《审美共同感与现代社会》，《文艺研究》2008 年第 3 期。

张玉能：《评所谓“后实践美学”》，《云梦学刊》1995 年第 1 期。

张玉能：《实践美学：超越传统美学的开放体系》，《云梦学刊》2000 年第 2 期。

张玉能：《在后现代语境下拓展实践美学》，《广西师范大学学报》（哲学社会科学版）2001 年第 1 期。

张玉能：《后现实主义与实践美学的回答》，《华中师范大学学报》（人文社会科学版）2001 年第 1 期。

张玉能：《实践的结构与美的特征》，《华中师范大学学报》（人文社会科学版）2001 年第 1 期。

张玉能：《新实践美学与实践观点》，《武汉理工大学学报》（社会科学版）2002 年第 2 期。

张玉能：《后现代主义与实践美学的同步》，《江汉大学学报》（人文社会科学版）2002 年第 4 期。

张玉能：《实践创造的自由与美和审美》，《汕头大学学报》（人文社会科学版）2003 年第 5 期。

张玉能：《主体间性是后实践美学的陷阱》，《汕头大学学报》（人文社会科学版）2004 年第 3 期。

张玉能：《实践美学与现代性》，《华中师范大学学报》（人文社会科学版）2005 年第 1 期。

张玉能：《实践美学的价值论维度》，《三峡大学学报》（人文社会科学版）2005 年第 3 期。

张玉能：《实践美学终结了吗?》，《汕头大学学报》（人文社会科学版）2005 年第 4 期。

张玉能：《论美感在实践中生成》，《三峡大学学报》（人文社会科学版）2006 年第 2 期。

张玉能：《论美的客体性和客观性》，《吉首大学学报》（社会科学版）2006 年第 4 期。

张玉能：《美的规律与审美活动》，《西北师大学报》（社会科学版）2006 年第 4 期。

周来祥：《和谐美学的总体风貌》，《文艺研究》1998 年第 5 期。

朱立元：《"实践美学"的历史地位与现实命运》，《学术月刊》1995 年第 5 期。

朱立元：《实践美学哲学基础新论》，《人文杂志》1996 年第 2 期。

朱立元：《走向实践存在论美学》，《湖南师范大学社会科学学报》2004 年第 4 期。

朱立元：《美感论：突破认识论框架的成功尝试——蒋孔阳美学思想新探》，《文史哲》2004 年第 6 期。

朱立元：《简论实践存在论美学》，《人文杂志》2006 年第 3 期。

朱立元：《我为何走向实践存在论美学》，《文艺争鸣》2008 年第 11 期。

后 记

眼下终于到了要出版的时候。回想整个写作过程，多少次的挑灯奋战无果，多少个煎熬的彻夜无眠，压着我喘不过气来的时候，总有许多友人默默地鼓励我，帮助我，使我克服困难，一步一步地走了过来。

特别感谢我的博士生导师吴兴明先生。在求学历程中，是吴老师打开了我的思想视野，真正把我引向了学术之路。吴老师的授课听来每每有醍醐灌顶之感，其文章往往具有直击肺腑、穿透人生的理论洞见，纵横捭阖的理论气度和罕见的创新性和前瞻性，读来总给人深深的震撼。吴老师为人胸怀磊落、不事雕琢，让我折服。无论是做学术还是在世为人，吴老师都躬身垂范为我树起了航向灯。本书是我在博士论文的基础上修改而成，选择李泽厚实践美学思考中国现代美学学科视野这一方向，直接受惠于吴老师的启发和指引。从选题到定稿的每一个环节，大到框架提纲，小到标题、词汇，吴老师都给予了悉心指导和建议，多次在电话里反复与我沟通、讨论，耐心地帮我梳理疑点、难点，甚至是还帮我斟酌章节标题和个别词汇运用。后来，听说本书要出版，他在病中不辞劳苦帮我作序，且一再修改，每念及此，总让我感动不已。2022 年冬，吴老师病逝的噩耗传来，令我悲痛万分。盼此书出版，以作告慰。

还要感谢我的各位师友们，他们给予我宝贵的建议和无私的帮助，如雪中送炭温暖着我。

此外，还要特别感谢本书编辑郭晓鸿主任在出版过程中付出的辛劳！

本书后期修改时，因个人学识有限和家庭原因导致进度缓慢，书中许多地方也未能如人意，只能寄希望于日后学术路上不断提升和修补了。漫漫学术求索路，以此为终，亦以此为始。